环境科学丛书
Series of Environmental Science

宽容的大地

张 哲 编著

 大连出版社
DALIAN PUBLISHING HOUSE

© 张哲 2013

图书在版编目（CIP）数据

宽容的大地/ 张哲编著. － 2 版. － 大连：大连
出版社，2015.7（2019.3 重印）
（环境科学丛书）
ISBN 978－7－5505－0909－2

Ⅰ. ①宽… Ⅱ. ①张… Ⅲ. ①环境保护—青少年读物
Ⅳ. ①X－49

中国版本图书馆 CIP 数据核字（2015）第 135538 号

环境科学丛书
Series of Environmental Science

宽容的大地

出 版 人: 刘明辉
策划编辑: 金东秀
责任编辑: 金东秀　李玉芝
封面设计: 李亚兵
责任校对: 金　琦
责任印制: 徐丽红

出版发行者: 大连出版社
　　地址: 大连市高新园区亿阳路 6 号三丰大厦 A 座 18 层
　　邮编: 116023
　　电话: 0411－83620941　0411－83621075
　　传真: 0411－83610391
　　网址: http：//www.dlmpm.com
　　邮箱: jdx@dlmpm.com
印 刷 者: 保定市铭泰达印刷有限公司
经 销 商: 全国新华书店

幅面尺寸: 160 mm × 223 mm
印　　张: 8
字　　数: 120 千字
出版时间: 2013 年 9 月第 1 版
　　　　　　2015 年 7 月第 2 版
印刷时间: 2019 年 3 月第 6 次印刷
书　　号: ISBN 978－7－5505－0909－2
定　　价: 23.80 元

我们是大自然的一分子，
珍爱大自然就是珍爱我们自己。
保护环境，人人有责。
爱护环境，从我做起。

地球是我们人类赖以生存的家园。以人类目前的认知,宇宙中只有我们生存的这颗星球上有生命存在,也只有在地球上,人类才能生存。自古以来,人类就凭借双手改造着自然。从上古时的大禹治水到今日的三峡工程,人类在为自己的生活环境而不断改造着自然的同时,也制造着环境问题,比如森林过度砍伐、大气污染、水土流失……

每个人都希望自己生活在一个舒适的环境中,而地球恰好为人类的生存提供了得天独厚的条件。然而,伴随着社会发展而来的,是各种反常的自然现象:从加利福尼亚的暴风雪到孟加拉平原的大洪水,从席卷地中海沿岸的高温热流到持续多年无法缓解的非洲草原大面积干旱,再到1998年我国肆虐的洪水。清水变成了浊浪,静静的流淌变成了怒不可遏的挣扎,孕育变成了肆虐,"母亲"变成了"暴君"。地球仿佛在发疟疾似的颤抖,人类对此却束手无策。"厄尔尼诺",这个挺新鲜的名词,像幽灵一样在世界徘徊。人类社会在它的缔造者面前,也变得光怪陆离,越来越难以驾驭了。

出版这套丛书就是为了使广大青少年读者能够全面、系统地认识我们人类已经或即将面对的各种环境污染问题,唤醒我们爱护环境、保护环境的心。让我们从一点一滴的环保行动做起,从这一刻开始,不因善小而不为,在以后的生活中多一分关注,多一分共同承担,用小行动保护大地球!

目录 CONTENTS

重要的土壤

茂盛的树林、芬芳的鲜花、苗壮的庄稼都是在土壤的哺育下成长的。土壤不仅为植物提供必需的营养和水分,而且也是人类赖以生存的栖息场所。

△ 土壤

土壤的概念

土壤是岩石圈表面的疏松表层。土壤包含岩石风化而成的大小不同的颗粒(小石子、沙、黏土)、动植物的残留物以及腐殖质、水和空气等。

生存之本

土壤不仅是植物的生长基体,也是庄稼和粮食的生产基地,它还是动物、人类以及绝大多数微生物赖以栖息、生活、繁衍的场所。

动物之家

对于诸如蚯蚓、鼹鼠、穿山甲等动物来说,土壤是极好的隐蔽场所,因为在土壤中可以躲避高温、干燥、大风等恶劣天气和阳光直射。不过,由于在土壤中运动要比在大气和水中困难得多,所以大多数动物都会选择在土壤上面安家。

△ 蚯蚓

土壤的构成

我们生活的地球上覆盖着各种各样的土壤,人类在土壤上耕作、建造房屋、生产养殖,进行各种劳动活动。可是,你知道关于土壤的秘密吗?知道土壤是由哪些部分构成的吗?

土壤矿物质

土壤是由岩石风化而形成的。由于岩石是由一种或几种矿物质组成的,所以岩石风化后形成的土壤也是由很多种类的矿物质组成的。此外,值得注意的是,这些矿物质还是土壤的最主要组成部分呢!

▲ 土壤中含有丰富的矿物质

土壤有机质

有机质在土壤的形成过程中起着核心的作用。它们主要是由绿色植物的根系以及地上部分的植物遗体构成的，主要分为三类：未分解的有机质、半分解的有机质，以及已经分解了的有机质。其中，已经分解了的有机质已经成为土壤的一部分，是土壤中最主要的有机质，又被称为腐殖质。这些不同的有机质影响着土壤的肥力，对作物的健康生长有着重要的意义。

▲ 落在地面的树叶时间长了就会分解成有机质

我和环保

土壤矿物质中所含的氮、磷、钾、钙、镁、硫和铁等元素，都是植物必需的营养物质。它们溶解于水中，就可以从植物的根部进入其体内，为植物提供营养物质。

重要的水分

土壤中的水分一般以三种形态存在：固体、液体和气体。其中，固态水只有在气温比较低时才会出现，例如冬季土壤中的水会结成冰。而气态水则存在于没有液态水的土壤空隙中。

不可或缺的空气

土壤空气对农作物的生长和微生物的活动关系很大，它不仅给植物根系提供呼吸的空气，而且能给好气性细菌提供所需的氧气，并可清除土壤中的有害物质。科学家研究发现，农作物在土壤空气比例低于10%时，就会产生营养不良。

▲ 冬天常常会看到土壤冻成块的景象

土壤的类型

地球上不同地区土壤的形成因素有很大差别，因此就会形成各种不同的土壤。就拿中国来说吧，有的地方是非常肥沃的黑色土壤，有的地方是略呈酸性的红色土壤，有的地方则布满了黄褐色的土壤……

▲ 黑钙土

黑钙土

我国的黑钙土主要分布在东北地区，这类土壤常常为深棕色至黑色，而且土层比较厚，含有植物生长所需的多种养料，尤其适合大豆、玉米、高粱、土豆等农作物的生长。但是，这一地区气候比较寒冷，作物生长容易受到气候的影响。

红壤

我国的红壤主要分布在长江以南的广东、广西、湖南、湖北、福建、浙江和安徽的低山丘陵区域。由于这种土壤呈弱酸性，因此不适于一般植物生长，适合生长的比较常见的植物有茶树、油桐等。

▲ 红壤

黄绵土

黄绵土又称黄土性土，广泛分布于黄河中游丘陵地区。这种土壤色泽与母质层极相近、质地均匀、疏松多孔、矿质养分丰富，但是有机质含量较低。

▲ 黄土高原上覆盖着大面积的黄绵土

草甸土

草甸土是较为肥沃的一类土壤，广泛分布于松嫩平原、三江平原等。分布在我国东北地区的草甸土底部有二氧化硅粉末，土体中还有大量的铁锰结核。

我和环保

草甸土开垦后，表层也变得较为疏松，与此同时，有机质含量也会随之下降。因此，合理安排农、牧关系就显得极为重要。

▼ 草甸土是发育于地势低平、受地下水或潜水的直接浸润并生长草甸植物的土壤。

珍贵的水分

我们都知道植物的生长离不开水，可是植物又没有嘴，它们是怎样"喝"水的呢？别担心，植物会将根深深地扎进土壤中，吸收里面的水分。

看不见的孔隙

土壤是一个疏松多孔体，里面布满了大大小小蜂窝状的孔隙，这些孔隙你只凭眼睛根本看不到。存在于土壤孔隙中的水分能被植物直接吸收利用，同时，还能溶解和输送土壤养分。

疏松的土壤微粒组合起来，形成充满孔隙的土壤。这些孔隙中含有溶解溶液(液体)和空气(气体)，有利于改善土壤通气状况，促进作物生长发育。

▲ 土壤中的水来源十分广泛,主要来自于雨、雪、灌溉水及地下水,冬天下雪有利于农作物的生长。

多种用途

　　水是土壤的重要组成部分。土壤中的水分能直接被植物根系吸收和利用,它的适量增加还有利于土壤中各种矿物质的溶解和移动,从而改善植物的营养状况。不仅如此,土壤中的水分还能调节土壤温度,使植物有一个良好的生长环境。

恰如其分

　　土壤中的水分过多或过少都会影响植物的生长。水分过少植物会遭受干旱的威胁;水分过多会使土壤中的空气流通不畅,并使营养物质流失,从而导致土壤肥力降低。所以,只有适宜的水分才能保持土壤处于良好的状态。

▲ 土壤中的水分过少,地表就会干裂,这时候就需要及时灌溉。

可怕的土壤流失

处 在我们脚下的土壤并不是一成不变的,在大自然和人类不合理活动的共同作用下,土壤流失已经成为一个越来越严重的问题。

▲ 植物的根系可以固定其周围的土壤

什么是土壤流失

土壤在各种自然力的作用下受到破坏的过程称为土壤流失。比如说,植物的根系能固定土壤,当地表的植被遭到破坏后,就没有什么东西来保护地面,土壤也就被雨水或者大风带走了,这个过程就是土壤流失。

水土流失

水力侵蚀造成的土壤流失十分严重。在山区、丘陵区和风沙区,不利的自然因素和人类不合理的开发,造成地面的水和土离开原来的位置,流到较低的地方,再经过坡面、沟壑,汇集到江河河道内,这种现象称为水土流失。

巨大危害

土壤被冲进河流，不仅使人们失去了对种植庄稼非常重要的沃土，也给鱼类和航运带来了问题：鱼儿会受苦；人们的航行也会受到影响，因为水中土壤增加导致河道变浅。流失的土壤被冲入道路还会阻塞交通。

我和环保

如果我们到野外游玩，请不要随意取土，因为这种做法不但破坏了原有的植被，还带走了表层土壤。土壤会在雨水和风力的冲刷下越来越少，最终造成草场退化，严重的还会引起山地泥石流、滑坡等恶性生态事件，造成严重的后果。

🔺 被土壤阻塞的道路

🔺 黄土高原

难得的土壤

科学家研究发现，在自然状态下，要形成1米厚的土壤需要1万年～4万年。也就是说，形成1厘米厚的土壤需要100～400年。而根据测算，目前，我国黄土高原每年流失的土层就有1厘米厚。

地　震

大多数时间，人们脚下的大地都是非常安静的，但是它也有心情不好的时候，不高兴了，它会剧烈地晃动身体，这就是我们常说的地震。地震的发生一方面与地球的内部结构有关，另一方面与人类不合理的生产生活有关。

三大地震带

地震带是地震集中分布的地带。世界上主要有三大地震带：环太平洋地震带、欧亚地震带、海岭地震带。其中，环太平洋地震带是全球分布最广、地震最多的地震带。

地震震级

震级是根据地震发生时释放的能量的大小而定的。一次地震释放的能量越多，震级越大。2008年汶川地震所释放的能量大约相当于100万千瓦的发电厂2年的发电量。

▲ 汶川地震后的废墟

▲ 地震前狗会狂叫不止

震前征兆

地震发生之前往往会有一些征兆，如地下水会变浑浊、翻花、冒泡、升温、变色、变味；动物惊慌不安、不进食、乱闹乱叫、打群架；手机信号减弱或消失、电子闹钟失灵等。

我和环保

地震还容易引起一些次生灾害，如火灾、海啸、瘟疫、水灾等。因此地震发生后，人们还应该积极防范这些次生灾害的发生。

地动仪

公元 132 年，东汉科学家张衡发明了世界上第一架测报地震的仪器——地动仪，并在实际应用中得到了验证。关于张衡研制地动仪，在《后汉纪》《后汉书》中都有记载。

▲ 张衡

突如其来的泥石流

寂 静的山间,突然"轰隆"一声,一股浑浊的流体沿着陡峻的山沟奔腾而下,地面为之震颤——这个可怕的现象,就是泥石流。

泥石流

泥石流是一种严重的灾难性地质现象。它是山区沟谷中,由暴雨、冰雪融水等水源激发的,含有大量泥沙、石块的特殊洪流。如果一座山失去了植被的保护,裸露在外的土壤就会被雨水冲刷,最后汇成一股泥浆,从山顶直冲下来,冲毁建筑和农田。

▲ 泥石流冲毁了山间的道路

分类

泥石流的分类标准多种多样，按物质状态可分为黏性泥石流、稀性泥石流；按泥石流的成因可分为水川型泥石流、降雨型泥石流；按泥石流流域大小可分为大型泥石流、中型泥石流和小型泥石流等。

周期性特点

泥石流的发生具有一定的周期性，且其活动周期与暴雨、洪水的活动周期大体一致。因此，当暴雨、洪水高发的时候，人们就要做好防灾工作。

▲ 暴雨和洪水

巨大的灾害

泥石流往往突然暴发，在很短的时间内将大量泥沙、石块冲出沟外，在宽阔的堆积区横冲直撞、漫流堆积，常常给人们的生命财产造成重大危害。

▼ 铲车正在抢修被泥石流摧毁的道路

滑坡

滑坡是一种和泥石流不同的灾难性地质灾害,它大多发生在那些结构不稳定的山体上,当山体失去足够的支撑力,就会在重力作用下垮塌,并发出雷鸣般的声音,把山下的建筑和农田埋没。

◀ 山体滑坡

泥石流与洪水

泥石流大多伴随山区洪水而发生。它与洪水的区别在于,泥石流中含有大量的泥沙石等固体碎屑物,其体积含量为15%~80%,因此比洪水更具有破坏力。

▼ 可怕的洪水来了

多发地带

环太平洋褶皱带（山系）、阿尔卑斯—喜马拉雅褶皱带、欧亚大陆内部的一些褶皱山区是泥石流多发的地区。泥石流灾害比较严重的国家有哥伦比亚、秘鲁、瑞士、中国、日本等。

▲ 泥石流

罪恶的泥石流

2010年8月7日夜，甘肃省甘南藏族自治州舟曲县发生特大泥石流灾害。在这场灾难中，1 400多人遇难，300多人失踪，县城由北向南一块大约5 000米长、500米宽的区域被夷为平地。

滥伐乱垦带来的苦果

滥伐乱垦导致植被消失、山坡土壤疏松、水土流失加重，结果就很容易产生泥石流。例如甘肃省白龙江中游在一千多年前还是一个山清水秀的地方，因人们过度开发利用土地资源，如今已成为一个泥石流多发区。

我和环保

植树种草、保护植被是防止水土流失的一种有效的方法，它不仅可以防止滑坡和泥石流的发生，还可以改善生态环境。

▼ 滥伐树木

土壤中的有害物质

民以食为天，食品安全本是人们最根本的需求。但曾几何时，餐桌却成了最不安全的地方，而祸根之一便是土壤中的有害物质。

土壤中有害物质的分类

土壤中的有害物质是指能使土壤遭受污染的物质，大致可分为汞、镉、铬、铜等重金属污染物和农药污染物两大类。

不断累积的重金属

重金属在土壤中一般不容易随水流动，也不容易被微生物分解，所以就成为土壤中不断积累的污染物。

▲ 长期滥用农药，会使土壤中的有害物质大大增加，形成农药污染。

传播方式

　　土壤中的有害物质通过不同的途径传播,其中食物链是最主要的传播途径。因为人的食物主要来自植物和动物,而动植物是从自然环境中得到营养的,如果这些动植物含有来自土壤中的有害物质,人吃了这样的动植物就会有危险。

人类食物:动物　　　动物食物:植物

人类食物:植物　　　植物食物:土壤

引起的疾病

　　痛痛病最早发生在日本,含镉的废水污染了农田,人们吃了被污染的农田里长出的粮食而得了一种公害病,患者全身疼痛,日夜呼叫,故名痛痛病。病因主要是含镉的废水污染农田后使稻米含镉,居民长期食用含镉量很高的稻米,引发此病。

▲ 排出的废水污染了农田

我和环保

　　在农业生产中,人们在田间经常喷洒化学农药以防治作物病虫害的发生。由于某些农药性质特别稳定,不易分解,一直在土壤中聚集,致使农作物往往会携带微量的残留农药。所以,我们在吃瓜果蔬菜的时候,一定要洗干净再食。

17

土壤的不合理利用

没有土壤，植物无法生长，人类和其他动物也就丧失了主要的食物来源和生存的基础。面对如此珍贵的自然资源，在我们的生活当中破坏土壤和浪费土壤的现象却时有发生。

▲ 挖掘机正在肆意开采土壤

过度开采

如今，取土采石烧制建筑用料已成为一个相当大的产业。伴随着对土壤需求量的急剧增加，不合理的开采利用将使土壤遭到无法恢复的破坏。

闲置的土壤

作为人类以及绝大多数动植物赖以栖息、生活、繁衍的场所，土壤是非常宝贵的自然资源，因此我们应当严厉杜绝任何一种土地闲置的行为。

▲ 大片被闲置的土地

糊涂的做法

秋收过后，很多人为了方便，直接在农田里焚烧剩余的秸秆。其实这种做法会破坏土壤结构，造成耕地质量下降。因为焚烧秸秆使地面温度急剧升高，会将土壤中的有益微生物烧死。

▶ 焚烧秸秆

垃圾填埋

垃圾在地下腐烂后会产生有毒物质，对土壤危害十分严重。土壤被污染后，将会盐碱化、毒化，土壤中的寄生虫、致病菌等病原体能使人致病。有毒物质渗透到地下也会污染地下水，并最终通过食物链对人体造成严重伤害。

我和环保

秸秆本身是很好的资源，我们可以将秸秆粉碎盖在田地上，作为下一季庄稼的肥料，也可以把它作为喂养家畜的饲料。

▼ 垃圾填埋

糟糕的土壤板结

我们知道,农作物从土壤中吸取养料,生产出农产品,如果土壤失去的养料过多,就会变得越来越硬,形成板结。土壤板结会使农作物的产量减少,造成饥荒。

▲ 板结严重的土壤

土壤板结

如果土壤缺乏养料,它就会变得坚硬,植物便难以生长,这就是土壤板结。土壤板结会造成土壤保水能力降低、肥力下降,最终导致生长在土壤上的植物发育不良。

各种各样的原因

下酸雨等会导致土壤的酸碱度过大或过小,从而引起土壤板结;塑料制品没有及时清理,在土壤中无法完全被分解,也会引起土壤板结;长期单一地施用化肥,腐殖质不能得到及时补充,同样也会引起土壤板结。

▲ 酸雨过后的景象

及时松土

疏松土壤能使土壤中的空气流通，这样土壤可以保持更多的水分，从而促进植物根部的呼吸和植物的生长。

转变方法

增加土壤中的腐殖质含量，有利于土壤中微生物的活动，增强土壤养分供应能力，使植物生长发育良好。

▲ 耕松会使土壤颗粒之间的孔隙加大，空气容易进去，从而增强根细胞的呼吸，促进根对矿质元素的吸收，使农作物生长良好。

我和环保

大量的塑料废弃物填埋地下，会破坏土壤的通透性，使土壤板结，影响植物的生长。因此，我们在日常生活中应注意不要随意抛弃塑料废弃品。

▼ 增加腐殖质后的土壤，植物生长旺盛。

土壤盐碱化

盐 碱地在地球陆地上分布广泛，约占陆地总面积的 25％。仅我国，盐碱地的面积就有 3 300 多万公顷，大量的土地因盐碱化而荒废。如今，这一状况还在继续恶化。

什么是土壤盐碱化

土壤盐碱化是指土壤含盐量太高，从而使农作物低产或不能生长的一种土壤状况。

形成原因

盐碱化一般多发生在比较干旱的地区。因为地下水都含有一定的盐分，如果水面接近地面，那么上升到地表的水蒸发后便留下盐分，日积月累，土壤含盐量逐渐增加，形成盐碱地。如果是洼地，并且没有排水，那么洼地的水分蒸发后，地表会留下盐分，也会形成盐碱地。

◀ 土壤盐碱化严重的地方，植物不仅稀少，而且很难茁壮生长。

不利影响

土壤盐碱化会造成土壤板结与肥力下降，这将不利于农作物吸收土壤中的养分，阻碍农作物的生长。

▲ 土壤盐碱化严重地区枯萎的树木

改良方法

种植水稻是我国改良利用盐碱地的一个重要方法，即在插秧前先进行泡田洗盐，通过生长期淹灌和排水、换水，冲洗和排走土壤中的盐分。

我和环保

最近，我国科学家从一种盐生植物中成功克隆出一种耐盐基因，并已导入多种植物。这一发现将有望使占地球陆地总面积约四分之一的盐碱地变为"绿洲"。

▼ 种植水稻

土壤沙漠化

<big>沙</big>漠化好像地球上的一个幽灵,从它出现以来,就一直不停地吞噬着肥沃的土地和社会的财富。如今,沙漠化以不断扩大自己的领地的方式向人类发起进攻,人类应该时刻敲响警钟,积极治理沙漠化。

沙漠化现象

沙漠化是指在干旱和半干旱地区(包括一部分半湿润地区),由于生态平衡遭到破坏,绿色原野逐步变成类似沙漠的景观,形成了沙漠化的土地。

▽ 不合理的放牧、樵采等严重破坏了原有沙地的自然植被,导致沙漠面积不断增加,土壤面积不断减少。

▲ 利比亚沙漠中仅剩的房屋

易生成条件

科学家发现,凡是年降水量在150毫米以下、蒸发量大于降水量的地方,很容易变成沙漠。

远去的古文明

地中海沿岸被称为"西方文明的摇篮",古代埃及、巴比伦和希腊的文明都是在这里产生和发展起来的。但是两三千年来,这个区域不断受到风沙的侵蚀,有些地方逐渐变成沙漠了。

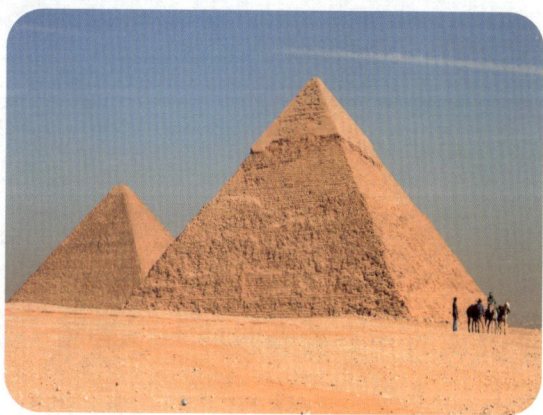

▲ 因为风沙的长时间侵蚀,金字塔的部分地方已经出现损毁现象。

黄沙下的楼兰古国

楼兰是中国西部的一个古代小国。在很久以前,那里水草丰美,经济繁荣。然而在今天,它已被黄沙覆盖,一片荒芜,人们只能凭着残垣断壁去想象它昔日的繁华。

▲ 中国西部的沙漠区——鸣沙山地主要是沙漠,这里的沙丘堆成山状,因此又称为鸣沙山。

中国的现状

中国是世界上沙漠化最严重的国家之一。据调查,北方地区沙漠、戈壁、沙漠化土地的面积已达 149 万平方千米,占国土面积的 15.5%,其中沙漠化土地面积为 33.4 万平方千米。

对农业的影响

沙漠化对农业危害巨大。每年 4 月～5 月的春播季节,在沙漠化地区,种子和肥料往往被吹走,幼苗被连根拔出,土壤水分散失,禾苗被吹干致死或被掩埋。

饥荒现象

沙漠化是对世界农业发展的一个重大威胁,它使土壤肥力下降,农作物减产,可供耕地及牧场面积减少。由于沙漠化导致的水土流失、土地贫瘠,已使不少国家连年饥荒。

▲ 忍受饥饿的小女孩

影响水质

沙漠化造成河流、水库、水渠堵塞。黄河年均输沙16亿吨，其中12亿吨来自沙漠化地区。

▶ 黄土高原严重的水土流失使黄河成为驰名世界的多泥沙河流

阻碍畜牧业发展

沙漠化引起的草场退化，使适于牲畜食用的优势草种逐渐减少，甚至完全丧失。牧草变得低矮、稀疏，产量明显降低，草场载畜能力大大下降。

🔻 慢慢退化的草场

人类不合理的经济活动,使一些非沙质荒漠的地区,出现了以风沙活动、沙丘起伏为主要特征的环境退化现象。

自然因素

气候干旱是沙漠化形成的基本条件,地表形成的松散沙质沉积物是沙漠化形成的物质基础,过多的大风是沙漠化形成的动力,这些都是沙漠化形成的自然因素。

危害交通

沙漠化在一些地区造成铁路路基、桥梁、涵洞损坏,公路路基、路面积沙,迫使交通中断,甚至使公路被废弃。此外,沙漠化导致的沙尘天气,还影响飞机正常起飞和降落。

▼ 车子在沙漠里艰难地前行

▲ 人类的乱砍滥伐会造成土地沙漠化

主要原因

在我国北方万里风沙线上，每年8级以上的大风日有30~100天，还时常出现沙暴。因此，风力侵蚀是造成土地退化、沙漠化的主要原因之一。

人为因素

近半个世纪以来，人类过度耕种、过分放牧和乱砍滥伐森林，使土地变得贫瘠，植被遭到破坏，水土流失严重，加剧了沙漠化对人类的威胁。

我和环保

为了促进人们对土地沙漠化和干旱问题的关心，联合国把每年的6月17日定为"世界防治荒漠化和干旱日"。

经济利益的驱使

在经济利益的驱使下，人们大肆采挖发菜、甘草、麻黄、肉苁蓉等天然植物资源，从而造成地表植被被破坏。

▶ 大肆采挖会造成地表植被被破坏

▲ 埃塞俄比亚的贫困儿童

导致贫穷

联合国环境规划署的专家们普遍认为，贫穷与沙漠化之间有着直接的联系。例如，苏丹—撒哈拉地区位于连接东西非洲的干旱地带，一些全球最贫穷的国家如马里、尼日尔、苏丹、埃塞俄比亚和索马里等国就位于这个地带。

广泛造林

控制沙漠最有效、最主要的方法就是植树造林。因为沙漠向人类进攻的主要武器是风和沙，大量植树造林，就可以形成一道道防护林，减少风的速度和力量，固定沙丘，起到控制风沙的作用。

☑ 森林能够使水土得到保持，有效地控制水土流失和土壤沙漠化。

保护草原

"野火烧不尽，春风吹又生。"这是说草的生命力非常顽强，生生不息。然而，如果草原上放养的羊群把草的根部都吃得精光，就会对草原生态平衡造成极大的危害。为了防止羊群将草连根吃掉，破坏植被，我们应该通过割草圈养的方式，保留草根和草茬，进而防治土壤沙漠化。

▲ 草原

发展绿化植物

沙漠地区气候干旱、高温、多风沙，土壤含盐量高，植物要有奇异的适应沙漠自然环境的能力，才能生存和生长。因此，发展能够适应沙漠生长的绿化植物十分重要，沙漠玫瑰、仙人掌、骆驼刺等就是很好的沙生植物。

▼ 仙人掌

令人窒息的沙尘暴

滚滚的沙尘迷漫在大气中，天地一片昏黄……这是沙尘暴来临时的情景。如今频繁袭来的沙尘暴已使人们深刻体验到风沙的无情，以及给人们造成的巨大危害。

沙尘暴现象

沙尘暴是沙暴和尘暴二者的总称，是指强风把地面大量沙尘卷入空中，使空气特别浑浊，水平能见度小于1千米的灾害性天气现象。

基础因素

沙尘暴的形成需要沙尘和足够大的风。原始的沙漠以及人类不合理的活动为沙尘暴提供了沙尘来源。此外，一些如干旱、大风天气等自然原因也促使了沙尘暴的形成。

▲ 沙尘暴带来的风沙掩埋了道路和农田

▲ 沙尘暴

好发地带

沙尘暴作为一种高强度风沙灾害，并不是在所有有风的地方都能发生，只有那些气候干旱、植被稀疏、土地裸露的地区才有可能发生。

诸多灾害

沙尘暴所带来的风沙不仅使肥沃的土壤变得贫瘠，还使农作物遭到损害。沙尘暴经过之处，农田、草场、工矿、铁路、公路及其他设施被掩埋。此外，大量的粉尘弥漫在空气中，对大气环境和人类健康产生了严重的危害。

我和环保

防治沙尘暴最根本的方法是增加地表植被覆盖。因此，我们要大力植树造林，增加植被覆盖面积，从而减少土壤沙漠化。另外，种植防护林，不仅能够减小风速，还能保护草原。

"黑风" 来了

强烈的沙尘暴俗称"黑风"(瞬时风速每秒大于25米，风力10级以上)，能使地面水平能见度小于50米，破坏力极大，会对各种农业设施造成危害。

▲ 滚滚沙尘淹没了整座城市

风蚀地貌

风 就像是一个天然的高级造型师,它不断用自己的双手在地面上摩擦,使原本完整的地面形成了高低不同、形状各异的古怪样子。我们将这种由风力作用形成的地形称为风蚀地貌。

分布特点

风蚀地貌在正对迎风口的迎风地段最为典型。中国的风蚀地貌主要分布在西北地区,例如青海柴达木,罗布泊,东疆哈密、吐鲁番,北疆克拉玛依附近。

▼ 柴达木盆地的雅丹地貌

风蚀蘑菇

风蚀蘑菇又称石蘑菇、风蘑菇，因近地表的岩石基部受风蚀作用强，顶部受风蚀作用弱，而逐步形成的上部大、下部小的样子像蘑菇的石头。

🔺 风蚀蘑菇

雅丹地形

"雅丹"是维吾尔语，意为"陡峭的土丘"。雅丹地形因中国新疆维吾尔自治区孔雀河下游雅丹地区发育最为典型而命名。在这里，你可以看到明显的地面风蚀沟槽和风蚀土墩。

🔺 雅丹地形景观

风蚀城堡

风蚀城堡位于准噶尔盆地古尔班通古特沙漠西北部的乌尔禾地区。这里气候干燥，又正位于准噶尔盆地西部著名的大风口上，经常受到六七级以上大风的吹蚀，随着时间的推移就形成了状如城堡、亭台楼阁等地形。

🔻 乌尔禾风城

土壤侵蚀

土壤侵蚀是指地面的土壤受到外力的作用而被冲刷或吹走，从而使原来的土壤变得贫瘠的现象。造成土壤侵蚀的因素有很多，其中自然因素有土壤性状、降雨量、地形以及植被的覆盖情况。

土壤性状的影响

我们都知道，疏松的土壤富含有机质，结构比较好，雨水可以轻松地渗进土层。降雨时，如果很大一部分水渗进土壤中，那么土壤表面的流水就会减少，表层土壤被冲走的概率就会大大减少。

降雨量的影响

虽然疏松的土壤可以吸收一部分降雨，但是对于降雨量较多的地区来说，这种作用就不明显了。降雨量集中和常有暴雨的地区，土壤被冲刷得特别严重。有些山区，暴雨过后，山坡上就可以看见许多深沟。

△ 暴雨袭来

地形的影响

人们经过实验研究得出，地面的坡度增加4倍，水流的速度就会增加1倍，而带走地面的物质的质量则会增加32倍。所以说，坡度越陡，水流对土壤的冲刷就越严重。

🔺 地面的坡度越大越容易形成土壤流失

植被的影响

土壤和植被是一种共赢的关系。一方面，土壤为植被提供生长所需的营养物质；另一方面，植被可以保护土壤。植被能防止雨水直接落到地面上，而且能降低水流速度，减少水流冲刷的力量。所以，土壤表面如果有茂盛的植被，就可以有效防止土壤被冲刷掉。

我和环保

我国容易被雨水冲刷而受到侵蚀的地方，主要分布在黄河流域的甘肃、青海、山西、河南等省。

🔻 吸收足够营养的植被

土壤保育

土壤是作物生长的基地，因此保持土壤良好的状态，对于增产是大有益处的。给土壤适时补充营养物质，它就会给人们带来丰硕的果实。

适当地翻土

要使土壤保持良好的状态，翻土是必不可少的。翻过的土地，经过风吹、日晒、雨淋和结冰，可以促进土壤的风化，同时也可以将地面上的杂草翻到土壤底层，使它们腐烂变成肥料。

▽ 农民在给农作物翻土

合理施肥

为了补充土壤中的有机质,以及植物生长时从土壤中带走的养料,人们必须在土地上合理施用肥料。只有这样,土壤才能源源不断地为植物提供养料。

▲ 施肥

良好的轮作制度

有经验的人都知道,长期在一块土地上种植一种植物,会使这种植物的产量降低。因此,人们研究出了轮作制度,即在一块土地上不定时地更换作物的种类。例如,同一块地今年种玉米,明年种西瓜。

我和环保

翻地必须选在土壤水分适宜的时候进行,如果土壤水分过多,翻后的土壤会粘成一大块,干后也不容易粉碎;如果水分过少,土壤太干,不仅翻地费力,而且也不容易使土壤粉碎得大小适中。

轮作的好处

轮作的好处非常多,概括起来有:可以减少病虫害,可以减少田间的杂草,可以调剂劳动力,可以减轻自然灾害,可以合理利用和保持土壤的肥力等。

◀ 在我国北方,人们习惯冬天种小麦,夏天种玉米。

土壤污染指示物

土壤是否受到了污染？受污染的程度如何？人们怎样才能知道这些呢？其实，生长在土壤上的植物、栖息在这片土地上的动物最有发言权，它们会通过自身的生长习性告诉人们这里的土壤状况如何。它们究竟是怎么表现的呢？

敏感的植物

植物所需的很多营养都是从土壤中获得的。因此，植物的健康状况可以直接反映出它们所生长的土壤的健康状况。例如，排除光照、雨水等条件，植物的产量就可以衡量土壤的健康状况。

动物的指示作用

将不同的陆生动物暴露在土壤污染物中，从而确定污染的土壤对栖息动物的危害与风险，是一种检验土壤健康状况的方法。

◀ 植物的健康状况和土壤的健康状况息息相关

微生物

　　微生物是土壤中非常重要的组成部分,它不仅是检验土壤肥力的重要指标,也是检验土壤毒性的指示。例如,当土壤污染后,一些污染物就能抑制某些细菌的活动,从而使土壤中某些元素减少。

▲ 土壤中含有丰富的微生物

酶的作用

　　许多污染物如杀虫剂、药物可以抑制或诱导酶的活性。目前,科学家们已经测出受外来污染物影响的酶有很多,常见的有多功能氧化酶、环氧化物水化酶等。

▼ 药物污染

改良土壤

我国的土壤类型相当复杂，每种土壤都有自己的特性，肥力也不尽相同。为了最大限度地利用有限的土地资源，人们总是想出各种各样的方法，对那些肥力较差的土壤加以改良。

沙土的改良

沙土土质过于疏松，水分、养分很容易流失，对植物的生长是相当不利的。人们研究发现，在沙土中掺一些黏土，多施用一些有机肥料就可以改善其性质。

▼ 沙土

黏土的改良

黏土中含有很多黏土粒，这种土干燥时容易结成坚硬的土块，或者发生龟裂，潮湿时又很有黏性，不易空气流通，不利于植物生长。在冬季深耕时，使上下层土壤充分混合，并掺入砂土、煤渣就可以减轻这种土壤的黏性。

▲ 煤渣可以用来改良黏土

酸性土壤的改良

酸性土壤是一种相对比较贫瘠的土壤，红壤就是酸性土壤的一种。目前，人们改良酸性土壤常用的方法就是使用石灰。石灰不仅可以中和土壤的酸性，还可以给植物提供钙、镁等营养元素。

我和环保

用化学改良剂改变土壤酸碱性的一种措施称为土壤化学改良。常用的化学改良剂有石灰、石膏、磷石膏、氯化钙、腐殖酸钙等。应该注意的是，化学改良必须结合水利、农业等措施，才可以得到良好的效果。

▲ 大面积的红壤

诸多好处

改良土壤的好处有很多，它不仅可以扩大作物的面积，而且可以提高农产品的单位产量，实现土地的高效率利用。因此，对于那些存在明显缺陷的土地，我们应该积极改变它们的性状，使它们发挥应有的作用。

岩石开采

我们日常生活中的许多地方都会用到石材,这些石材都是从山上开采来的。如果过量开采,不仅会破坏山的景观,也会影响山的稳定。

重要的建筑材料

自古以来,岩石就是建筑中不可缺少的材料。今天,我们随处可以见到岩石雕塑和台阶,这些岩石是从哪里来的呢? 它们就是采石工人从山中开采来的。

▲ 正在开采岩石

金字塔

闻名世界的埃及金字塔就是用岩石修建的。其中,胡夫金字塔动用了上百万块巨石,平均每块石头有2 000多千克重,最重的有10多万千克重。这些巨石是从尼罗河东岸开采出来的,当时既无吊车装卸,也无车辆运送,可以想象,把这些巨石堆砌成形该是一项多么伟大而繁重的工程。

▲ 金字塔

我和环保

在岩石开采过程中会产生一些污染物,这些污染物会随着地表水流入河流或者渗透到地下水中,从而导致河流和地下水受到污染,使得水质下降。

危及土壤

过度开采岩石会使整个土壤的结构和层次受到破坏,导致土壤肥力下降,植物生长缓慢。植物一旦被破坏,就会在一定程度上改变原有的生态面貌,甚至会导致大量物种消失。

水土流失

开采岩石不仅需要挖山体,还要砍伐树木,剥离表土。产生的废土、废石的堆放还要占用一定的空间,这些都可能对植被造成破坏,并造成当地的水土流失,严重时还会造成泥石流。

▲ 采石厂

深藏的地下矿藏

我国地大物博，幅员辽阔，拥有丰富的煤、铁、石油、天然气及珍贵的金属矿藏等地下资源。这些地下资源在国家的发展过程中具有重要的作用。

◀ 金属矿

金属矿

有一些岩石，可以从中提取一定量的金属供工业用，这些就是金属矿。除了金和铜这两种金属可以独立地在自然界中存在外，其他的大多数金属都是从矿石中提炼出来的。

珍贵的黄金

黄金是人类较早发现和利用的金属。由于它稀少、特殊和珍贵，自古以来就被视为"五金"之首，有"金属之王"的称号。如今，黄金不仅成为人们物质财富的象征，在金融储备、货币、首饰等领域也占有主要地位。

▲ 黄金

煤

煤是一种应用很广泛的矿产,既是动力燃料,又是化工和制焦炼铁的原料,素有"工业粮食"之称。它是由一定地质年代生长的繁茂植物,在适宜的环境中,经过漫长的时间形成的。

▲ 煤

黑色的石油

石油是埋藏在地下的呈黑色或褐色的、可以产生能量的油。它是一种不可再生资源。汽车使用的汽油、柴油,飞机使用的煤油等都是从石油中提炼出来的。

我和环保

煤、石油、天然气等自然资源都是不可再生资源,由于人类不断地开采利用,如今的储藏量已经越来越少。因此,我们应该对它们进行综合利用,合理开采,避免浪费和破坏。

▲ 石油开采

▲ 石油

占地方的矿渣

在 采矿的过程中,岩石中总会有一些物质不能被完全利用,这些物质就是矿渣。矿山旁往往会堆积着如山的矿渣。它们污染水土,破坏环境,对人们的生活产生了巨大的影响。

△ 金属渣

🌿 多种多样的矿渣

冶炼厂在冶炼矿石的过程中产生的各种废弃物就是矿渣。比如炼铁炉中产生的高炉渣、钢渣;有色金属冶炼产生的各种有色金属渣,如铜渣、铅渣、锌渣、镍渣等。

▽ 倾倒矿渣

🌿 矿渣元素

矿渣里面往往含有大量的有害物质,如粉尘、重金属元素以及其他剧毒化学物质。

污染土壤

如果将矿渣不加处理便排放到自然界中，会引起空气污染、水体污染和土壤污染等一系列严重的污染事件。这将对人们的生活和植物的生长造成严重的危害。比如说，矿渣的粉尘会污染空气，大量矿渣排放到自然水域，会污染水源，阻塞河道，使植被不能生长。

▲ 尾渣可以用来制作砖块

我和环保

矿渣是工业废渣中利用最好的一种。美国高炉矿渣被称为"全能工程骨料"，广泛用于筑路、机场、混凝土工程等。

变废为宝

大量废弃的矿渣不仅污染环境，还造成了资源的浪费。如今，我们可以通过对矿渣的提炼回收来达到再利用。如尾渣可以用来制砖，高炉水渣可以作为生产水泥的原材料。

▲ 倾倒大量矿渣的路面上，路况相当差。

土壤污染

在人们把越来越多的目光投向大气污染和水污染的时候，还有一种破坏性更大和具有不可恢复性的污染更应当引起人们的警惕，这就是土壤污染。

土壤污染

进入土壤中的有毒有害物质含量超出土壤的自净能力时，土壤的质量就会恶化，从而影响农作物的生长，降低农作物的产量和质量，并危害到人体健康，这种现象称为土壤污染。

▲ 土壤污染严重的情况下植物会死亡

主要类型

土壤污染大致可分为：重金属污染、农药和有机物污染、放射性污染、病原菌污染等。

▲ 农药污染

污染物如何进入土壤

污染物进入土壤的途径是多种多样的：废气中含有的大量污染颗粒物沉降到地面进入土壤；污水灌溉导致大量污染物进入农田；固体废弃物中的污染物直接进入土壤……此外，农药、化肥的大量使用也是土壤污染的原因之一。

大气污染惹的祸

大气中的有害气体主要是工业中排出的有毒废气，它的污染面大，会对土壤造成严重污染。例如，生产磷肥、有色金属的工厂会对附近的土壤造成粉尘污染和重金属污染。

▼ 大气污染

污水灌溉

生活污水和工业废水中含有氮、磷、钾等许多植物所需要的养分，所以合理地使用污水灌溉农田会达到增产的效果。但污水中还含有许多有毒有害的物质，如果污水没有经过必要的处理而直接用于灌溉农田，就会造成土壤污染。

▲ 污水排放对土壤的污染极其严重

农田塑料污染

工业废物和城市垃圾是土壤的固体污染物。例如，各种农用塑料薄膜作为大棚、地膜覆盖物被广泛使用，如果管理、回收不善，大量残膜碎片散落田间，就会造成农田"白色污染"。这样的固体污染物既不易挥发，也不易被土壤中的微生物分解，是一种长期滞留土壤的污染物。

▼ 地膜覆盖着的农作物

滴滴涕

滴滴涕(DDT)是瑞士科学家发明的一种农药。刚开始使用时,它成了全世界最畅销的农药,因为它的杀虫效果非常好。可好景不长,很多害虫对滴滴涕产生了抗药性,不但害虫越来越多,土壤污染也越来越严重。

我和环保

人们从来没有在两极地区用过滴滴涕,可是却在南极的企鹅和北极的北极熊身上发现了它;格陵兰岛上的爱斯基摩人根本不知道滴滴涕是何物,谁知道滴滴涕竟也偷偷地钻进了他们的身体里。

农药污染

农药是人们用来杀灭和控制有害生物的得力助手,然而大范围地使用农药则会带来不可避免的环境污染。有些农药蒸发后通过降雨落到地面,有些农药会保留在土壤之中,有些农药则渗透到地表水或地下水中……持续地使用农药不仅污染了使用地的环境,还会污染其他地方的环境。

▼ 喷洒农药

土壤污染的危害

土壤是地球上大多数生物生长、发育和繁衍栖息的场所，更是人类生存和发展的基础。如果土壤受到了污染，带来的危害和损失将无法估算。

难以估算的损失

对于各种土壤污染造成的经济损失，目前尚难以估算。仅以土壤重金属污染为例，全国每年因重金属污染而减产粮食重达 1 000 多万吨，另外，被重金属污染的粮食每年也重达 1 200 万吨，合计经济损失至少 200 亿元。

▼ 各种污染对土壤的破坏，会直接导致大量树木、植物枯死，森林面积减少。

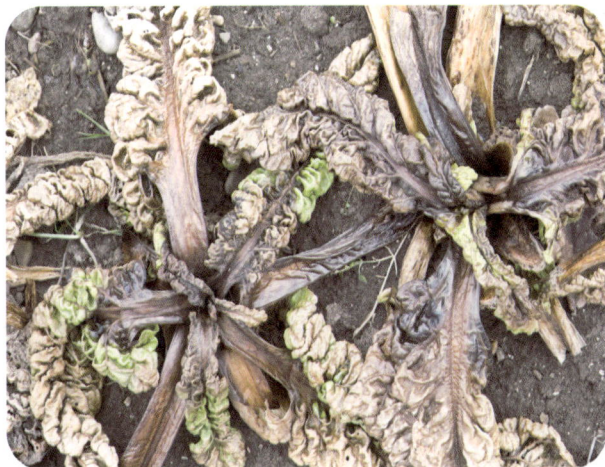

△ 土壤中的污染物超标，导致蔬菜枯死。

对植物的危害

当土壤中的污染物超过植物的承受限度时，会引起植物的吸收和代谢失调，影响植物的生长发育，引起植物变异。对于农业生产来讲，会使农作物减产，农产品质量下降。

对人体健康的影响

土壤污染会使污染物在农作物的体内积累，并通过食物链传递到人体和动物体中，危害人和动物的健康，引发癌症或其他疾病。

▶ 土壤中的污染物被植物所吸收，家畜食用了含有污染物的植物后体内会产生病菌，人类食用了染病的家畜后就会对自身的健康造成严重影响。

引发的其他问题

土壤受到污染后，含重金属浓度较高的表层土壤容易在风力和水力的作用下分别进入到大气和水体中，导致大气污染、地表水污染、地下水污染和生态系统退化等生态环境问题。

我和环保

污水灌溉对农田会造成大面积的土壤污染。辽宁省沈阳市张士灌区用污水灌溉 20 多年后，污染耕地 2 500 多公顷，导致土壤和稻米中重金属镉含量超标，人畜不能食用。

黑色的石油污染

伴随着石油及石油产品在现代社会越来越重要的作用，石油污染给人们带来的影响也越来越大。如今，石油对海洋的污染，已成为世界性的严重问题。

⬆ 石油开采

石油及其附属品

石油又称原油，是从地下深处开采出来的棕黑色可燃黏液体。我们日常生活中到处都可以见到石油及其附属品的身影。汽油、柴油、煤油、润滑油、沥青……这些都是从石油中提炼出来的。

危害土壤

地下油罐和输油管一旦泄漏就会严重污染土壤和地下水源，造成土壤盐碱化、毒化，致使土壤成分被破坏。不仅如此，石油里的有毒物能通过农作物进入食物链，最终危害人类。

▼ 石油污染

▲ 石油污染了的海面

对人体的影响

研究表明,汽油、柴油、煤油中的有毒有害物质对人的神经系统、泌尿系统、呼吸系统、循环系统、血液系统等都有危害。

造成的海洋污染

石油污染以对海洋的污染最为严重。水面上覆盖的大量油膜,容易引发火灾、阻塞水上交通,并造成水鸟、鱼类和滩涂贝类的大量死亡。

我和环保

1989年3月,装载近19万立方米原油的"埃克森·瓦尔迪兹"号油轮,在阿拉斯加州美、加交界的威廉王子湾附近触礁,大约4万立方米原油泄入海中,导致25万只海鸟死亡。

▼ 被石油污染的海鸟

隐蔽的放射性污染

自从人类进入核时代以来，小小的原子核如同一个不断释放出宝物的魔瓶，人类拥有了提供巨大能量的核电站、可以杀灭肿瘤的核仪器、可以探测太空的核飞船……但是，核废料所产生的放射性污染也从此接连不断。

放射性污染

放射性污染主要指人工辐射源造成的污染，如核武器试验时产生的放射性物质，生产和使用放射性物质的企业排出的核废料等。

◀ 切尔诺贝利核事故后的游乐场

污染土壤

放射性物质可以通过多种途径污染土壤，如放射性废水排放到地面上、放射性固体废物掩埋到地下、核企业发生的放射性事故等，这些都会造成局部地区土壤的严重污染。

🌱 长期的伤害

核废料是核物质在核反应堆内燃烧后余留下来的核灰烬，具有极强的放射性，而且其半衰期长达数千年、数万年甚至几十万年。也就是说，在几十万年后，这些核废料还可能伤害人类。

🔺 切尔诺贝利核事故残骸，虽然时隔已久但依然存在危害。

🌱 可怕的后果

1986 年，苏联的切尔诺贝利核电站发生严重泄漏及爆炸事故，上万人受放射性物质影响致残或重病，周围 30 千米范围内寸草不生，被人们称为"死亡地带"。

我和环保

烟叶中含有一些放射性物质，一个人每天吸一包半的香烟，其肺脏一年所接受的放射物量相当于他接受 300 次胸部 X 射线照射。因此，珍爱生命，远离香烟。

🔻 切尔诺贝利核电站

城市土壤

随着城市化步伐的加快,城市土壤已经成为非常重要的一类土壤了。城市土壤的类型非常多,居民区、公园、道路、体育场、城市河道、城郊、垃圾填埋场、废弃工厂等。因此,保护土壤,城市土壤当然不能被遗漏。

城市土壤的定义

城市土壤是指在城区或者城郊区域内,由于非农业的、人为的因素造成的土地表面的混合、填埋或污染而产生的表层厚度大于50厘米的一类土壤。

🔽 城市绿化带所用的土壤

如何形成

城市土壤是人们在利用城市土地的过程中，或是在从事与土壤无直接关系的活动中，由于人工翻动、回填、践踏、车压以及园林绿化等对土壤的自然属性进行改变后所形成的。

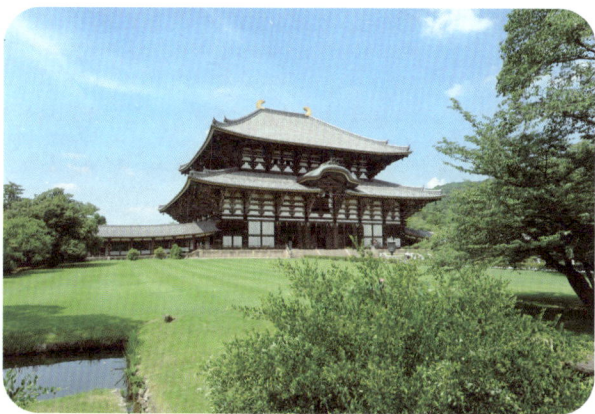

▲ 园林绿化

分类

关于城市土壤的分类，迄今世界上还没有统一的标准。大多数国家的土壤分类中，还没有建立相应的城市土壤分类单元和分类方法。一些国家即使分了类，标准也是各不相同。

中国的分类标准

中国的土壤分类系统中，将受人为作用的土壤分为人为土和新成土两大类。其中，城市土壤属于人为新成土亚纲扰动人为新成土土类。

▼ 城市土壤主要集中在绿化带

▲ 城市里的草坪

城市土壤的特征

城市土壤的特征主要包括：较大的时间和空间的变异性，丰富的人为附加物，多变的土壤结构，受干扰大的养分循环与土壤生物结构，高度的污染等。

主要污染物

城市是一个重要的污染源，也是一个被污染体。城市土壤的污染物多种多样，概括起来主要有：工业废水、废气、废渣，各种各样的生活垃圾，有机物污染，交通运输带来的污染等。

我和环保

土壤环境质量通常是以土壤环境对人类健康的适宜程度为标准的，它的好坏是以能否适用于人类生产、生活和发展为总评判标准的。

▼ 排放出的工业废水

生态功能

城市土壤是城市生态系统的重要组成部分。它既是农业和林业生产的基础，又是生物的基因库和繁殖场所，同时也是各种基础设施的容纳场所，更是保存自然和文化遗产的场所。

▲ 城市土壤对于一个城市的生态和环境有很重要的作用

对人类健康的影响

一方面城市污染影响着土壤的生态服务功能，另一方面有些污染物还可以通过食物链进入人体，某些被污染了的土壤颗粒物甚至直接被人体吸入而影响城市居民的健康。

城市土壤与大气环境

城市人口高度密集，扬尘与土壤污染物直接接触，人们吸入扬尘便会对身体产生危害。因此，扬尘污染越来越受到人们的重视。

▼ 扬尘污染

城市里的污染

如今,城市的天空渐渐变得灰暗,城市里的水不再甘甜,城市人的身体正日益变得脆弱……被誉为现代文明的城市,看似繁华的表面下却掩盖着重重危机。

被污染的城市

城市污染

城市污染是指由城市居民活动所引起的城市环境质量下降,最终有害于人类自身和其他生物的现象。

污染空气

城市里各类工矿企业排放的废气、汽车排放的尾气、城市居民燃烧煤炭等燃料产生的烟气,以及烧荒和森林失火等都会造成空气污染。

汽车尾气

改变水质

水污染的污染源主要来自工业废水和生活污水。工厂排放出来的工业废水中含有许多工业废料和废渣，这些都是污染物质，它们会使水质发生改变，使水变得又黑又臭，无法饮用。

▶ 工厂排出的工业废水

我和环保

用淘米水洗菜，再用清水清洗，不仅节约了水，还有效地清除了残留在蔬菜上的农药。此外，用淘米水浇花还能促进其生长。

破坏土壤结构

垃圾中往往含有大量的煤灰、砖瓦碎块、玻璃、塑料、金属等，这些垃圾长期施用于农田，可逐步破坏土壤的结构，造成土壤肥力下降，农作物减产。

🔼 遍地的垃圾

烦人的生活垃圾

说到垃圾，人人都不陌生。在日常生活中，人们会制造出许多垃圾。随着工业的飞速发展和人类生活水平的不断提高，垃圾已经成为威胁人类身体健康的隐形杀手。

◀ 塑料垃圾

生活垃圾

生活垃圾是指人们在日常生活中产生的固体废物。剩菜剩饭、旧电池、塑料袋等都是生活垃圾。

数量巨大

据统计，全世界每年增加5%左右的生活垃圾。有关资料显示，上海市区每天产生的生活垃圾要达1 000多万千克，如果用载重4 000千克的卡车装载，首尾相接可排18千米长。7天产生的生活垃圾，其体积相当于24层楼高的饭店。

▲ 生活垃圾

浪费良田

在城乡结合部的道路两侧，常常会见到成堆的垃圾，这些垃圾占用了大量的宝贵土地。据资料介绍，目前我国约有 2/3 的城市处于垃圾的包围之中，所占的土地面积十分惊人。

▲ 道路两旁堆放的垃圾

其他危害

许多垃圾堆积，不仅占用大量土地，发出阵阵的臭味，污染空气、水源，而且还会产生有毒有害的物质。同时，垃圾还会滋生蚊、蝇、蟑螂、老鼠，传播疾病，对人们的健康危害极大。

我和环保

无论是城市、乡村还是旅游景点，如果垃圾随处可见，就会使这些地方的形象受损。所以无论我们身处何处，请记得：不要随手丢弃垃圾！

▼ 杂乱不堪的垃圾场

建筑垃圾

美国旧金山南郊,一个没有窗户的巨大长方形神秘建筑也许会引起路人的注意,但令人难以想象的是,这里居然是一座垃圾回收处理厂,而且回收的不是玻璃瓶、易拉罐、废报纸等废品,而是被认为几乎无法再利用的建筑垃圾。

建筑垃圾

简单来讲,建筑垃圾就是建筑施工单位在施工过程中产生的工程废渣、拆迁废物、装修垃圾等废弃物,这些废弃物占用了大量空间,给人们的生产生活造成诸多不便。

▼ 建筑钢材垃圾

处理困难

由于建筑垃圾一般都含有沙、石、混凝土等材料，因此很重，搬运起来比较困难，处理起来也不容易，掩埋不行，焚烧也不行，最好的处理方法就是再利用。

▲ 建筑垃圾

我和环保

人们可以用建筑垃圾中比较完好的废砖来砌墙，建造新的房子。房子建成后，在外层涂上水泥或者别的材料，根本看不出是用废砖建造的。

合理利用

有些建筑垃圾可以用来铺设坑洼不平的路面，有些建筑垃圾可以用来做地基。这样不仅节省了新建筑材料，而且解决了建筑垃圾处理困难的问题。

堆山公园

假山一般都是用奇形怪状的石头堆砌而成的，我们可以通过巧妙的组合，用水泥或者混凝土将建筑垃圾黏合成假山。天津市有一个堆山公园，主要就是以建筑垃圾为材料建造的，这样既减少了数量庞大的、难以处理的建筑垃圾，又节约了成本。

▼ 公园里的假山

发展迅猛的电子垃圾

随着各种电器更新换代速度的加快，一些报废的家用电器、电脑、手机等电子垃圾也越来越多，它们大多含有对人身体有害的物质。如何处理这些垃圾，成为一个棘手的问题。

▲ 电子垃圾

电子垃圾

电子垃圾是一个比较笼统的说法，现在还没有明确的技术标准来界定它。但我们平常所说的电子垃圾一般是指已经废弃或者不能再使用的电子产品。当电子垃圾的数量越来越多的时候，它们的危害就显现出来了。

纷繁的种类

电子垃圾种类非常繁杂，而且在生活中处处可见，比如报废的电视机、淘汰的旧电脑、不用的旧冰箱和微波炉及废弃的手机等。这些电子垃圾虽然在材质上不尽相同，但一般都含有铅、汞、聚氯乙烯等有害物质。

▲ 废旧的电脑显示器

产生速度惊人

电子垃圾已成为全球环境的大问题。特别是在发达国家，由于电子产品更新换代速度非常快，电子垃圾产生的速度也快得惊人。从2002年起，我国也进入了电子产品报废的高峰期，电子垃圾数量增长得十分迅猛。

▲ 成堆的电子垃圾对环境造成了极大的危害

多种危害

如果处理不当，电子垃圾就会对人和环境造成严重危害。例如，电子垃圾中含有的铅能破坏人的神经系统、血液系统和肾脏，含有的汞能造成大脑中毒等。如果将其随意丢弃或掩埋，大量有害物质渗入地下，会严重污染土壤和地下水；如果将其焚烧，会释放大量有毒气体，污染空气。

▼ 随意丢弃的电子垃圾

不易处理

电子垃圾正规的处理方法是用专门的焚烧炉进行焚毁。然而，由于人们对电子垃圾的危害认识不够，处理设备投资较大，以及一些其他因素的制约，电子垃圾处理起来困难重重。

◀ 焚烧炉

转嫁危机

由于发达国家的环保法令日益严厉，这些国家每年产生的数量庞大的电子垃圾，往往被以"商品"的形式出口到亚洲、非洲境内一些欠发达国家和地区。

我和环保

随着电脑的日益普及，它也渐渐成为了新的公害。一台电脑中含有超过1000种材料，其中50%以上的材料是有剧毒的，对人体有害。

▼ 一堆废旧的电脑主机

宝贵的财富

事实上，电子垃圾中含有很多可以回收再利用的有色金属、黑色金属、玻璃等物质。可以说，电子垃圾中蕴藏着巨大商机，如果将里面的金、银、铜、锡、铬、铂、钯等贵金属拆出来，将是一笔不可估量的财富。

▲ 废旧的电视机、电脑里面含有很多有用的东西

旧手机里的"宝藏"

电子垃圾中蕴含着众多的贵金属，其品位是天然矿石的几十倍甚至几百倍。比如，可以从1吨的旧手机废电池中提炼100克黄金，而普通的金矿石，每吨只能提取几十克黄金。可以说，旧手机是一种品位相当高的金矿石。

▶ 旧手机

医疗垃圾

医疗废弃物,也就是医疗垃圾,是指在医疗过程中(通常是在医疗预防、保健以及其他相关活动中)产生的废弃物,它对人们的生活安全具有很大的危害性。

主力军

为了保持干净卫生,许多医疗用品都是一次性的,比如一次性针管,一次性输液管,这些物品成为医疗垃圾中的主力军。

◀ 一次性医疗用品

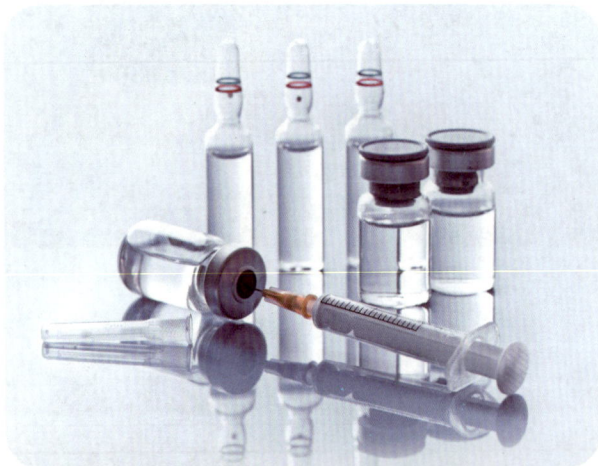

病菌聚集地

医疗垃圾所含的病菌是普通生活垃圾的几十倍甚至上千倍。将使用过的一次性医疗器械二次使用,等于把各种病菌直接注入病人的身体里,病人有可能感染上各种疾病。

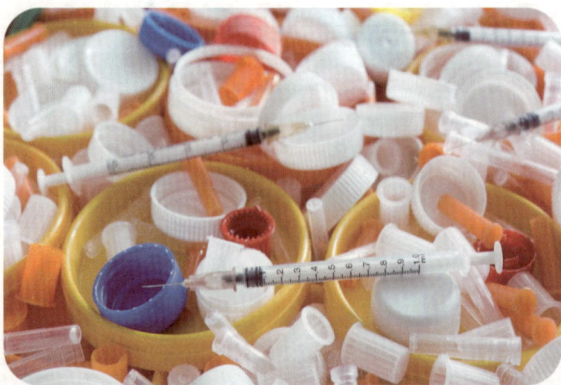

▲ 废弃的医疗用品

☑ 危害

对于这些医疗垃圾,如果不加强管理,随意丢弃,将它们混入生活垃圾、流入人们的生活环境中,就会污染大气、水源、土地以及动植物,传播疾病,严重危害人们的生命健康。

▶ 一次性医疗用品虽然有效防止了病人间的交叉感染,但同时也造成了医疗垃圾的泛滥。

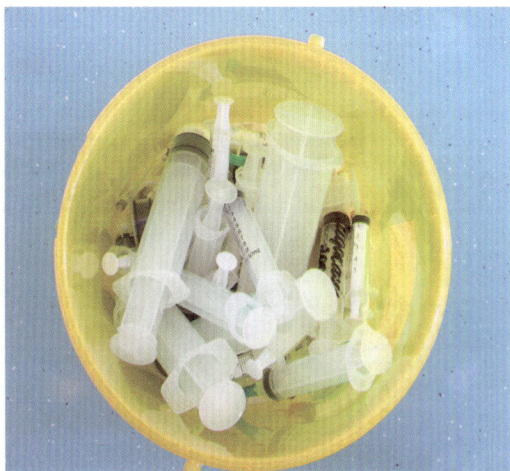

☑ 处理方法

医疗垃圾很危险,必须严格处理。当今已有多种技术处理医疗垃圾,其中高温焚烧处理就能达到医疗垃圾无害化处理的环保要求。

我和环保

小朋友们一定要注意:用过的一次性针管、药水瓶、棉签等这些常见的医疗废弃物千万不能拿来玩,因为上面有许多细菌。

▼ 实现高温焚烧的设备

可怕的重金属污染

重金属是指铜、铁、锌等金属。其中有一部分是人类生命活动所必需的微量元素，但是大部分重金属如汞、铅、镉等并非生命活动所必需，而且所有重金属超过一定浓度都会对人体有害。

◀ 油炸薯条含有铅

危害极大的铅

铅是重金属污染中毒性较大的一种，一旦进入人体很难被排除出去。它直接伤害人的脑细胞，会造成智力低下、痴呆、脑死亡等恶性疾病。

镉

长期食用受镉污染的水和食物，可导致骨痛病。镉进入人体后，会引起骨质软化，骨骼变形，严重时会自然骨折，致人死亡。

▲ 松花蛋的含铅量也较高，不宜大量食用。

含有剧毒的水银

汞也称水银，我们常用的温度计里显示度数的银白色金属就是水银，它是一种剧毒的重金属，对人的大脑、神经、视力破坏极大。

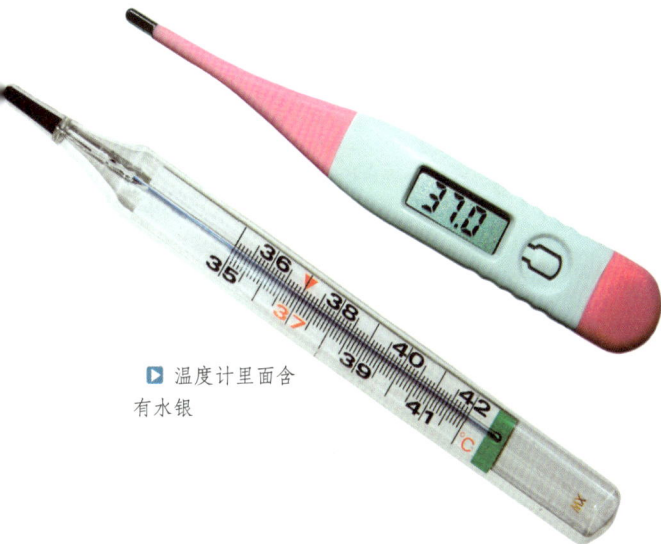

▶ 温度计里面含有水银

常见的重金属

只要留心观察，你就会发现，我们日常生活中的重金属无处不在。比如房间的墙壁、家具上的油漆含有铅，照明用的荧光灯、装饰用的霓虹灯内部含有汞，我们使用的电池中含有锰、镉，汽车尾气中含有铅、镉……

顽固的重金属

土壤一旦遭受重金属污染就很难恢复。这些重金属有很大的毒性，可以通过食物链传递给人，从而给人体健康带来威胁。

▼ 装修房屋使用的油漆中就含有铅

较长的潜伏期

重金属可以通过食物、饮水、呼吸等多种途径进入人体,从而对人体健康产生不利的影响,有些重金属对人体的危害往往需要一二十年才显现出来。

水体重金属污染

水体重金属污染的主要来源为工业废水,包括采矿、选矿、冶金、电镀、化工、制革和造纸工业产生的废水。

▲ 水包括天然水(河流、湖泊、大气水、海水、地下水等)、人工制水(通过化学反应使氢氧原子结合得到水),水在生命演化中起到了重要作用。

水俣病

随废水排出的重金属在海底的藻类和底泥中积累,鱼类和贝类吸附后再被人吃掉,从而造成公害,如日本的水俣病。工厂排放的污水中含有汞,居民长期食用含汞的海产品就会汞中毒。

▲ 工厂排放的污水中含有大量的汞

"隐形杀手"

重金属污染是威胁人类身体健康的"隐形杀手",人类如果忽视对重金属污染的控制,最终将吞下自酿的苦果。虽然生活中不会每天爆出震惊世界的痛痛病、水俣病新闻,但是伤害却时时发生,"隐形杀手"让我们的生活危机四伏。

▶ 世界各地的人们都以不同的方式来表达对环境保护的重视,植树是环境保护的一种措施。

从我做起

爱护环境从身边做起,一方面,留意自己身边的"重型杀手",避免伤害;另一方面,爱护共同的家园,不要亲手炮制"杀手"。消除生活中的重金属污染,人人有责!

▼ 保护环境,建设美好的大自然。

GREEN CITY

电池污染

电池的种类很多，常用的电池有干电池、蓄电池，以及体积小的微型电池。如今，电池在人们的日常生活中发挥着愈来愈重要的作用。与此同时，废电池所带来的危害也令人不可忽视。

▲ 电池

大"功臣"

不管是早上叫你起床的小闹钟，还是让你爱不释手的电子玩具，小小的电池在我们的生活中扮演着重要角色。如今，电池还在国防、科研、电讯、航海、航空、医疗等高科技产业发挥着越来越重要的作用，成为国民经济发展中的赫赫"功臣"。

缉拿"真凶"

我们日常生活中使用最多的是锌锰电池及锌汞电池，而电池造成环境污染的主要重金属元素是汞和镉。

▲ 一般手机使用的电池

▲ 纽扣电池

可怕的数字

据科学家测定：一粒纽扣电池所产生的有害物质，可污染 6 万吨水，相当于一个人一生的饮水量；一节烂在地里的 1 号电池能使 1 平方米的土地失去利用价值，并造成永久性公害。

中国的现状

我国是电池生产和消费大国，电池的年产量高达 423 亿节，消费约 182 亿节，约占世界总量的 1/3。以全国 13 亿人口计算，假设每年每人用 6 节电池，那么这些电池可以污染 4 680 亿立方米的水。

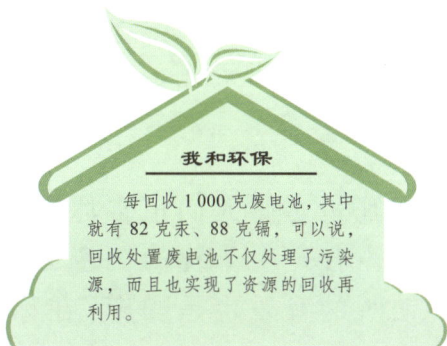

我和环保

每回收 1 000 克废电池，其中就有 82 克汞、88 克镉，可以说，回收处置废电池不仅处理了污染源，而且也实现了资源的回收再利用。

▼ 废电池

回收很重要

如果电池里的电用完了，你会怎么做呢？随手丢弃？这个做法最要不得！随手丢掉的电池会对土壤造成重金属污染。其实，废电池可以回收再利用。

噪声污染

噪声破坏了自然界原有的宁静，损伤了人们的听力，损害了人们的健康，影响了人们的生活和工作。如今，噪声已成为仅次于大气污染和水污染的第三大公害。

噪声

　　凡是妨碍人们正常休息、学习和工作的声音，以及对人们要听的声音产生干扰的声音，都属于噪声。比如，在寂静的考场上，再动听的音乐也是噪声；在你看电视的时候，他人的谈话就是噪声；在你与他人谈话的时候，电视声也就变成了噪声。

▲ 当一种声音对人及周围环境造成不良影响时，噪声污染就形成了。

污染源

当噪声对人及周围环境造成不良影响时，就会形成噪声污染。噪声的来源十分广泛。

交通噪声

交通噪声是指机动车辆、船舶、地铁、火车、飞机等产生的噪声。机动车辆数目的迅速增加，使得交通噪声成为城市的主要噪声源。

▲ 拥挤的马路上常常会出现车辆产生的噪声

工业噪声

工业噪声是指工厂的各种设备产生的噪声，它对工人及周围居民的生活影响较大。因此，大型工厂一般建在远离居民区的地方。

▼ 工业噪声的强度大，对工人及周围居民带来较大的影响。

▲ 摇滚音乐厅

潜在的"杀手"

噪声是生活中潜在的"杀手",它不仅影响人的神经系统,使人急躁、易怒,还损害人的听力。有检测表明:当人连续听 8 个小时的摩托车声,听力就会受损;若在摇滚音乐厅待半个小时,人的听力就会受损。

建筑噪声

建筑噪声来源于建筑工地上机械所发出的声音。建筑噪声不仅强度大,还多发生在人口密集地区,因此严重影响周围居民的休息与生活。

▼ 建筑噪声

▲ 音响所产生的噪声对人们的身体健康危害很大

社会噪声

社会噪声和人们的日常生活联系密切，它包括人们的社会活动和家用电器、音响设备等发出的噪声。尽管这些噪声强度不大，但如果我们想要休息的时候却得不到安静，糟糕的心情可想而知。

测量单位

噪声的测量单位是分贝，零分贝是可听见音的最低强度。

影响人的身心

噪声超过50分贝，人就难以入睡；噪声超过70分贝，人就不能正常工作；噪声超过90分贝，人的听力就会受损。

我和环保

当我们在家里看电视或听音乐的时候，一定要把音量控制在适当的范围内，这样才不会对别人造成干扰。营造安静和谐的生活氛围，是我们每个公民应尽的义务。

▼ 噪声对人的睡眠也有很大的影响

光污染

盏盏闪亮的街灯,宛如一颗颗璀璨的钻石把城市打扮得分外美丽。然而,就在夜景灯把城市变美的同时也给城市带来了严重的光污染。

光源

能够发出光的物体被称为光源,太阳是光源,各种人造的灯也是光源。

▲ 灯泡也是一种光源

▲ 夜晚的城市被霓虹灯装饰得格外美丽

"消失"的星星

你可曾抬头仰望夜空?你是否发现往日遍布苍穹的繁星早已失去了踪影?是的,在远离城市的郊外的夜空,可以看到2 000多颗星星,而在大城市却只能看到几十颗。最新的调查研究显示,夜晚的华灯造成的光污染已使世界上1/5的人对银河系"视而不见"。

分类

国际上一般将光污染分成三类,即白亮污染、人工白昼和彩光污染。

白亮污染

▼ 外面铺着玻璃的建筑

在城市里,为了美观,人们会在建筑物外面铺上大片的玻璃、白色瓷砖、磨光的大理石和涂料,这些东西会把照射到建筑物上的阳光反射到其他地方,使这个地方的阳光过多,从而造成光污染。

不可忽视的后果

专家研究发现,长时间在白亮污染环境下工作和生活的人,眼睛都会受到不同程度的损害,视力急剧下降。不仅如此,白亮污染还会使人头昏心烦,发生失眠、食欲下降、情绪低落、身体乏力等类似神经衰弱的症状。

▼ 家里常用的日光灯能造成白亮污染

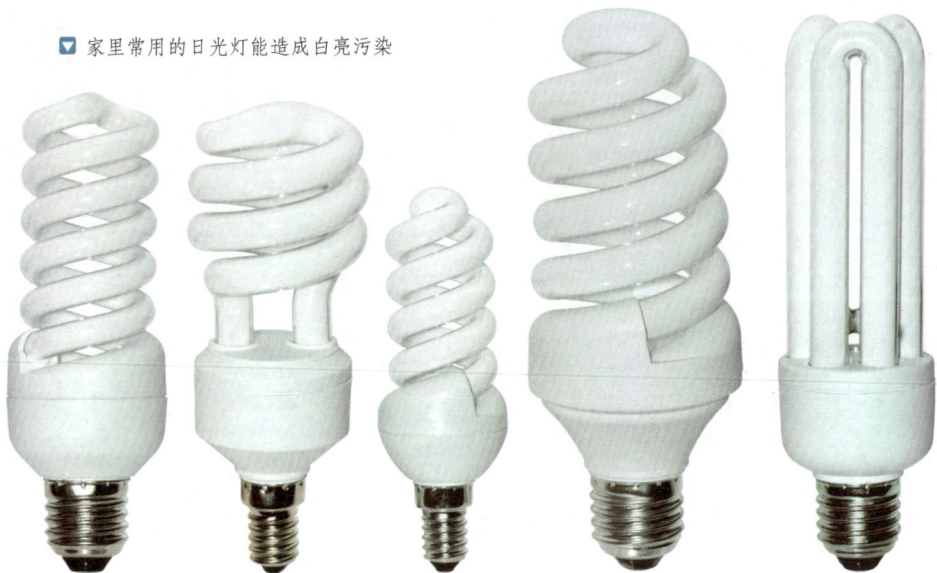

▲ 夜晚，户外的广告灯都亮了。

人工白昼

夜幕降临后，商场、酒店外墙的广告灯、霓虹灯闪烁夺目，令人眼花缭乱。有些强光束甚至直冲云霄，使得夜晚如同白天一样，这就是所谓的人工白昼。在这样的"不夜城"里，人们夜晚难以入睡，导致白天工作效率低下。

对动物的影响

人工白昼还会伤害昆虫和鸟类，强光可能破坏昆虫在夜间的正常繁殖，也会使鸟的生物钟发生混乱。

▲ 夜晚的鸟巢

▲ 绚丽的舞台灯光

彩光污染

舞厅里安装的黑光灯、旋转灯、荧光灯以及闪烁的彩色光源构成了彩光污染。据测定,黑光灯所产生的紫外线强度大大高于太阳光中的紫外线,对人体危害严重。人如果长期接受这种灯的照射,可诱发流鼻血、脱牙、白内障,甚至导致白血病或其他癌变。

严重危害视力

眼睛是接受光的器官,光污染会对眼睛造成伤害,有一些强光会使人的眼睛短暂失明。不仅如此,光污染还会对周围的环境造成危害。

我和环保

无论是在城市、乡村还是在旅游景点,如果你要离开房间,请不要忘记关上电灯。一是节约能源,二是防止给别人带来光污染。

▲ 刺眼的车灯会影响行人的视力

看不见的电磁波

随着科学技术的飞速发展,人类走进了电子技术的新时代。今日的天空,已充满了各种人为的或自然的频率不同、功率不同、包含信息各异的电磁波。

隐身的 "朋友"

从科学的角度来说,电磁波是能量的一种,凡是能够释放能量的物体都会释放出电磁波。正如人们一直生活在空气中却看不见空气一样,人们也看不见无处不在的电磁波。电磁波就是这样一位人类素未谋面的"朋友"。

▲ 现在,很多人用卫星天线来接收电视信号。

◀ 赫兹

发现电磁波

麦克斯韦预言了电磁波的存在,但是他本人并没有能够用实验证实。1887年,赫兹在著名的"电火花试验"中证明了电磁波的存在。

种类

在没有任何媒质的情况下,所有电磁波的速度是相同的。而一旦有了媒质,电磁波的传播速度就有所不同了。无线电波、红外线、可见光、紫外线、X射线都是电磁波。

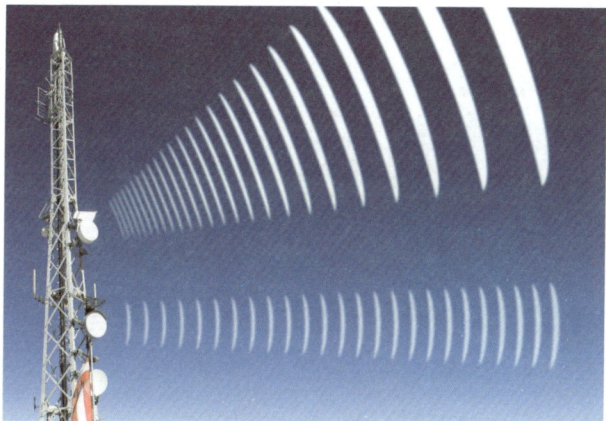

▲ 无线电天线发出无线电波

广泛应用

电磁波的应用范围非常广泛,无线电广播、电视、通信都是利用电磁波来工作的。我们家中的微波炉利用的是微波,紫外线用于医用消毒、验证假钞、测量距离,X射线用于CT照相等。

我和环保

生活环境中充满了电磁波,只要是电器,都会放出电磁波。墙壁中看不见的电线,也会使电磁波检测笔哗哗作响。

▼ 不同频率通信电波的传播方式

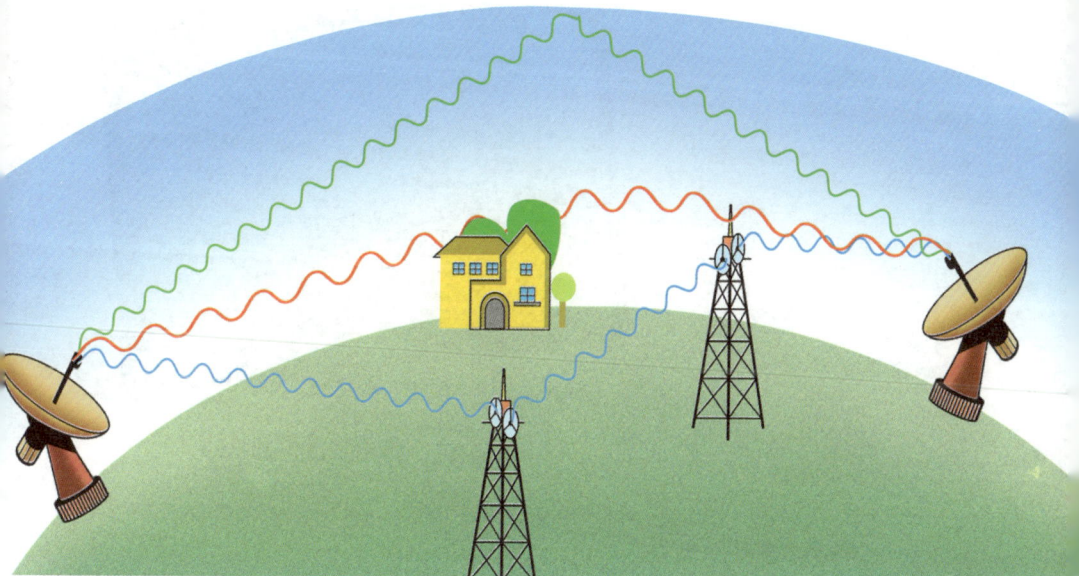

电磁污染

随着人们生活水平的日益提高,电视、电脑、微波炉、电热毯、电冰箱等家用电器越来越普及,电磁波辐射对人体的伤害也越来越严重。

"电脑杀人案"

1989年,苏联曾发生过一起震惊世界棋坛的"电脑杀人案"。国际象棋大师尼古拉·古德科夫与一台超级电脑对弈。古德科夫在连胜三局后,突然被电脑释放出的强大电流击毙。

▼ 现在,人们的工作基本上是利用电脑来完成的。

▲ 笔记本电脑

众说纷纭

警方最初怀疑是电脑短路导致的漏电，但后来证实电脑本身完好无损；此时也排除了电脑程序人员故意在软件中设计了放电杀人的程序。最终，调查人员得出结论：电脑是在连败三局以后，恼羞成怒，便自行改变输往棋盘的电流，将对手杀死。显然，这种说法是荒诞可笑的。

真相浮出水面

后来，人们经过多年的调查才使真相大白：杀害古德科夫的罪魁祸首是外来的电磁波。电磁波干扰了电脑中已经编好的程序，从而导致超级电脑动作失误而突然放出强电流，酿成了这场悲剧。

电子雾

据测试，电脑、电子游戏机等电子设备在使用过程中，会发出不同波长和频率的电磁波。这些电磁波充斥在空间，形成了"电子雾"。"电子雾"看不见、摸不着、闻不到，因而很容易被忽视，但它确确实实存在并对我们的生活造成了影响。

▲ 游戏厅

污染来源

电磁污染是指天然的或者人为的各种电磁波的干扰及有害的电磁辐射。它包括天然电磁污染和人为电磁污染两种。

🔺 雷电带来的电磁现象属于天然电磁污染

天然电磁污染

天然电磁污染是某些自然现象（如火山喷发、地震和太阳黑子活动等，其中最常见的是雷电）引起的。它们对短波通信的干扰极为严重，可造成电视图像不清晰、手机信号差等。

🔻 电视

人为电磁污染

人为电磁污染是指电脑、手机、微波炉、冰箱、电视等各类电器在工作过程中，发射出功率相对较小的无线电频率，从而带来不同程度的电磁污染。

惊人的危害

各国科学家经过长期研究证明：长期接受电磁辐射会造成人体免疫力下降、新陈代谢紊乱、记忆力减退、提前衰老、心率失常、视力下降、听力下降、血压异常、皮肤长斑，甚至导致各类癌症等。

◀ 打手机也会造成电磁污染

生活常识

为了防范电磁波对人体的伤害，电冰箱不宜放在卧室内，在微波炉工作时一定要将微波炉门关紧，不要将电器集中摆放。

我和环保

电磁波这么可怕，我们该怎么预防呢？首先，我们使用电器时要与电器保持适当的距离，因为距离电器越远，电磁波强度越弱；当我们不用电器时，要拔掉电器的插头，这样也可以减少电磁波。

▼ 微波炉

塑料与橡胶

对 于现代人来说，塑料几乎无处不在。塑料可以很容易地被塑造成各种形状，而且不容易发霉腐烂，因此用途十分广泛。但与此同时，塑料垃圾也造成了令人头痛的环境污染问题。

▲ 塑料袋

什么是塑料

我们通常所用的塑料并不是一种单一的物质，而是由许多材料配制而成的，合成树脂是塑料的主要成分。

◀ 塑料玩具

"塑料之父"

1907年7月14日，美籍比利时人列奥·亨德里克·贝克兰注册了酚醛塑料的专利，被誉为"塑料之父"。

◀ 各种塑料玩具

独特的优点

　　塑料具有重量轻、成本低、坚固耐磨的特点，而且容易加工成人们所需要的样子，这使得它在人们的生活中得到普遍的应用。

▶ 便于携带的矿泉水瓶

寻找塑料制品

　　不管是"身材娇小"的牙刷，还是"体格庞大"的洗衣机，塑料已经遍布我们生活中的每一个角落。仔细观察一下你的周围，看看除了拖鞋、雨衣、玩具、肥皂盒外，还有哪些东西是用塑料制成的。

我和环保

　　生活中，我们应该尽量避免使用一次性塑料制品，这样不仅有利于减少垃圾来源，也有利于保护环境。

🔻 塑料花篮

节约资源

塑料是由石油炼制出来的产品制成的，目前石油资源十分紧缺，因此我们应该合理利用塑料，可以进行塑料回收再利用，也可以重复使用。比如塑料袋用完后不要立即扔掉，而是洗干净后继续使用。

▲ 广泛应用于生活的塑料袋

废塑料再利用

废铁在回收之后可以熔炼出新铁，制造成各种铁器。废塑料也同样可以"再生"：塑料的内部结构就像泡沫颗粒一样，经过重新提炼，就可以制造出新的塑料产品。

▼ 可以回收利用的塑料瓶

轮胎

轮胎在日常生活中很重要，也很常见，小到自行车的轮胎，大到货车的轮胎。正因为轮胎应用广泛，所以每年都会产生大量严重磨损的废旧轮胎。轮胎的主要成分是橡胶，焚烧后会产生一种有毒的气体，因此废旧轮胎不能焚烧处理。

▲ 轮胎

可以分解的新型塑料

现在，科学家已经研制出了一种新型塑料，这种塑料不仅耐用，而且还很环保。这种塑料中添加了特殊的物质，在阳光照射下可以自动分解，这样就不会在自然界中存在很长时间，污染环境了。不过，你不用担心这种塑料会在太阳底下一晒就"融化"掉，因为还是很结实的，可以让你使用足够长的时间。

白色污染

伴随人们生活节奏的加快,一次性塑料制品在人们的日常生活中占据了重要地位。一方面, 这些使用方便、价格低廉的塑料制品给人们的生活带来了诸多便利, 另一方面, 塑料制品在使用后往往被随手丢弃,造成令人头疼的"白色污染"。

"白色污染"

废弃的塑料制品扔在自然界中会造成环境污染,因为塑料制品大部分是白色的,所以这种污染被叫作"白色污染"。

△ 白色污染

影响心情

白色垃圾给人们带来了严重的视觉污染：马路上，塑料袋随风乱飘；美丽的风景区里遍布着塑料瓶；原本清澈的小河、湖泊上漂浮着一个个快餐盒……看到这些，你的心情会如何？

▲ 扔在垃圾堆里的塑料瓶和快餐盒

最糟糕的发明

废弃的塑料袋是一种很难处理的生活垃圾，有些塑料自然腐烂需要200年以上的时间。采用埋掉的处理方式，不仅占用土地，破坏土壤结构，还会污染地下水；采用烧掉的处理方式，会产生有害气体，损害人体健康。难怪英国《卫报》曾把塑料袋评为"人类最糟糕的发明"。

"世纪之毒"

塑料焚烧时会产生有毒气体——二噁英，它的毒性是砒霜的900倍，有"世纪之毒"之称。

我和环保

2008年6月1日，我国颁布了禁止商家向消费者免费提供塑料购物袋的"限塑令"。我们外出购物时，请自己带购物袋或者塑料袋。保护环境，从我做起。

▽ 垃圾焚烧

垃圾的危害

垃圾是环境治理过程中的一颗毒瘤，既然是毒瘤，肯定有它固有的危害性。了解了下面的内容后，留意你的周围，看看是不是也存在这些情况。

有损市容

如果将垃圾任意堆放在城市的道路旁就会十分碍眼，严重有损市容。而且垃圾又脏又臭，遇上阴雨天气，更会从中流出污臭的脏水，让过往的行人绕道而行，给人们的正常生活造成严重影响。

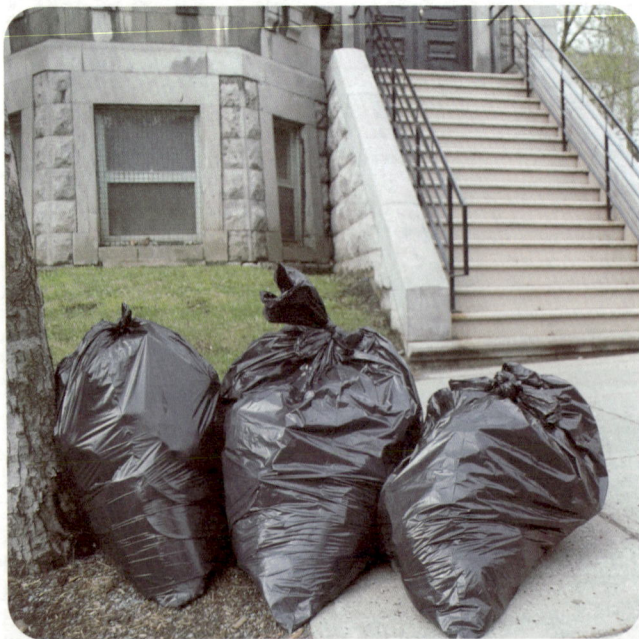

▲ 小区楼下随意堆放的垃圾

浪费空间

垃圾要是堆放在城市的郊区，就会侵占农田，使耕地面积减少；在市区，随意放置垃圾不仅影响市容，而且会给周围的单位和群众造成诸多不便。一般来说，每个城市都有指定的地点来存放垃圾，使垃圾占用的空间减少化、集中化。

污染环境

除了一部分垃圾可以再利用外,有些垃圾可以被焚烧处理,但这样势必会造成大气污染;有些垃圾可以被掩埋处理,但会污染土壤和地下水;有些垃圾露天堆放着,如此一来,造成的污染也很严重,比如大风会将塑料袋等较轻的垃圾刮得满天飞。

▲ 焚烧垃圾导致大气污染

滋生病毒

垃圾的成分非常复杂,堆放时间长了就会产生一些有毒有害的物质,污染空气和水源。同时,这种环境最易滋生蚊子、苍蝇、蟑螂、老鼠等携带病毒的动物,传播疾病,对人们的健康危害极大。因此,及时处理垃圾就成为一项十分重要的工作。

我和环保

垃圾如果没有及时被处理掉,会在自然界存留很长时间,比如易拉罐可以存留80年~100年,塑料、玻璃等更是可以存留100年以上。这些垃圾长时间存留会产生许多隐患,危害后代。

▼ 垃圾堆

生活中的垃圾分类

见过给交通工具分类的,给动物分类的,给植物分类的,但是你见过给垃圾分类的吗? 实际上,垃圾分类对我们的生活有很大的影响。

◀ 生活垃圾

垃圾分类

生活垃圾一般可分为四大类:可回收垃圾、厨余垃圾、有害垃圾和其他垃圾。

可回收垃圾

我们在日常生活中会产生很多垃圾,但是有一些垃圾并不是完全没有用处,如纸类、金属、塑料、玻璃等,我们可以通过回收再利用,让它们重新为人们"服役",这样不仅减少了污染,还能节约资源。

▲ 废纸回收

厨余垃圾

我们做饭时剔除的菜根、菜叶和吃饭后剩下的饭菜、骨头等食品类废物是厨余垃圾。这些垃圾需要及时清倒，否则很容易产生酸臭难闻的气味。

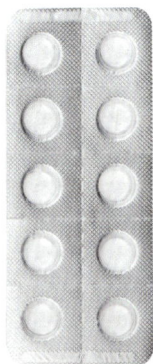

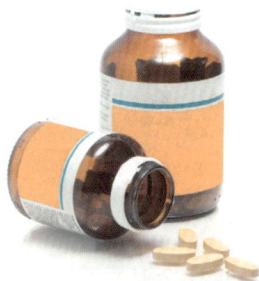

▲ 过期药品

高危垃圾

有些垃圾具有很强的危害性，比如废电池、废日光灯管、废水银温度计、过期药品等，这些垃圾都含有某些有害的化学物质，如果处理不当，就会对人类健康造成威胁。

难以回收的垃圾

其他垃圾是指除上述几类垃圾之外的所有垃圾，包括砖瓦、陶瓷、渣土、卫生间废纸等难以回收的废弃物。

▼ 房屋拆迁时会产生很多建筑垃圾，这些都属于难以回收的垃圾。

为什么要分类

垃圾分类收集不仅可以减少垃圾处理量和处理设备，降低处理成本，减少土地资源的消耗，还能实现废物回收再利用。

◀ 将生活垃圾分类，放进相应的垃圾桶里，能减少土壤污染。

减少占地

生活垃圾中有些物质不易降解，这些垃圾长时间堆放在土地上会使土地受到严重侵蚀。通过垃圾分类，去掉能回收的、不易降解的物质，可以减少50%以上的垃圾。

我和环保

日常生活中，我们要养成将垃圾分类的好习惯。把不同种类的垃圾分类投放，不仅有利于垃圾处理，也有利于回收再利用。环保无小事，从身边做起，从垃圾分类做起！

▲ 生活垃圾填埋

减少污染

　　废弃的电池含有金属汞、镉等有毒物质，会对人类产生严重的危害；土壤中的废塑料会导致农作物减产；抛弃的废塑料被动物误食，导致动物死亡的事故时有发生。因此，对垃圾分类处理能有效地减少其对环境的危害。

▲ 废电池

◀ 易拉罐

变废为宝

　　回收150万千克废纸，可免于砍伐用于生产120万千克纸的林木；1 000千克易拉罐熔化后能铸成1 000千克很好的铝块，可少开采2万千克铝矿石。生产垃圾中有30%～40%可以回收再利用，我们应珍惜这些变废为宝的好机会。

不同的垃圾桶

　　为了便于垃圾分类，人们分别用红、黄、绿三种颜色的垃圾桶进行垃圾回收。红色垃圾桶最醒目，用于盛放有害垃圾；绿色垃圾桶代表着环保，用于盛放可回收垃圾；黄色垃圾桶则用于盛放其他垃圾。

▲ 马路边上的分类垃圾桶

垃圾发电厂

你见过有人在焚烧堆放在路边的垃圾吗？为什么垃圾可以焚烧？原来一些垃圾燃烧时能产生大量热量，可以用来发电，据此，人们建造了垃圾发电厂。

明显优势

垃圾发电厂有两个重要的作用，一是清理生活垃圾，二是满足电量需求，节省火力发电所需的煤炭能源。垃圾发电可谓一举两得。此外，比起传统发电厂，垃圾发电厂还有很多优势。

▲ 垃圾发电厂将垃圾焚烧后，再通过蒸汽轮机发电机组发电。

发展状况

西方一些发达国家最先开始利用垃圾发电。美国有一个垃圾发电厂，每天能处理垃圾60万吨；德国的垃圾发电厂每年还要花费巨资从国外进口垃圾。虽然我国的垃圾发电工业刚刚起步，但垃圾资源丰富，有非常大的发展前景。

▲ 这些随意丢放的垃圾是可以用来发电的

发展中的瓶颈

垃圾发电之所以发展较慢，主要是受一些技术或工艺问题的制约。比如，在发电时，垃圾燃烧产生的剧毒废气长期得不到有效解决；发电效率低而成本却比传统发电高；选址阻力大，因为垃圾发电厂会对周围的环境造成污染，危害周围居民的健康。

我和环保

垃圾发电使用的原料大多是能产生很高热量的有机化合物，因此那些无法再次利用的有机物，通常都是垃圾发电厂的主要"口粮"。

前景广阔

据科学家测算，焚烧2吨垃圾产生的热量相当于燃烧1吨煤所产生的热量，由于煤炭、石油等能源越来越匮乏，因此我们可以预见，在未来，垃圾发电的发展前景将十分广阔。专家认为，随着垃圾应用科技的不断发展，垃圾发电将成为最有经济效益的发电方式之一。

▼ 除了焚烧垃圾发电外，填埋部分的垃圾也可以用来发电。

废物回收

垃圾中蕴藏着各种有价值的资源,因此我们对垃圾要进行回收和合理的处理,这样做既环保,又能够确保资源不被浪费掉。

废纸再利用

纸是最常见的用品,书籍、报刊以及一些包装材料等都是用纸制作的。人们对纸的需求量很大,需要砍伐大量树木来造纸,从而满足这些需求。其实,我们完全可以将废纸再利用。将废纸泡在水里,做成纸浆,将纸浆中的纤维分离出来,就可以制造出新的纸张了。

◀ 书籍

▲ 旧报纸

可循环使用的金属

　　人类活动会产生许多废弃的金属制品，虽然这些物品没有用了，但是制造它的金属还是可以利用的。对废弃金属进行回收不仅可以对金属进行再次利用，还可以减少浪费，更可以减少因重新开采和炼制金属而造成的环境污染，可谓一举多得。

▲ 废塑料瓶可以回收做成塑料制品

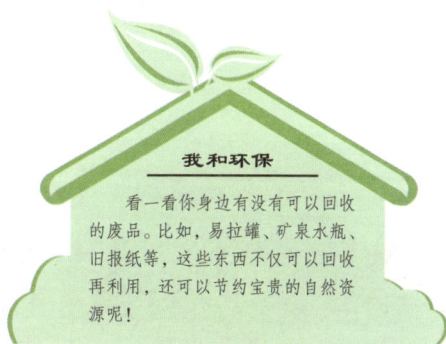

废品收购站

　　日常生活中，如果你有积攒易拉罐、废纸箱等废品的习惯，那么对废品收购站一定不陌生。顾名思义，废品收购站就是一个收购废品的站点。当然了，收购的废品必须是有价值的，比如废金属、废玻璃等。

我和环保

　　看一看你身边有没有可以回收的废品。比如，易拉罐、矿泉水瓶、旧报纸等，这些东西不仅可以回收再利用，还可以节约宝贵的自然资源呢！

▼ 回收来的废品

废物再利用

说 一件东西是废物,并不是说它真的没用。在某个地方用不上的东西,在另外一个地方说不准还能发挥大作用,所以垃圾有"放错地点的宝贝"之称。

▲ 旧衣服

如何利用废物

如果你有一件衣服完好无损,只是旧了便要扔掉,是不是觉得很可惜?其实,旧衣服可以用来造纸。这就是废物利用,或者说是资源再生循环。

废物变资源

无论废气、废液还是废渣,都可在合适的条件下转化为资源。例如城市垃圾中含有大量有机物,经过分选和加工,可作为煤的辅助燃料;废矿渣经过提炼,可以生产出有用的金属材料。

▶ 被倒掉的废矿渣

◐ 废物堆肥

现代家庭制造的垃圾中，30%是可以制成堆肥的。如果你有自己的小花园，就应该想到利用这些垃圾制造堆肥。

▶ 橘子

▲ 可以分类的垃圾箱

◐ 轻易丢掉的"宝贝"

橘子皮晒干后可以和茶叶一样，用它泡的水，味道清香，可以提神；煲粥时，放入几片橘子皮，就会使粥芳香爽口；用它泡的酒，具有化痰、健胃、降低血压等功能。

◐ 易拉罐的妙用

易拉罐的用处很多，有人用它盛放小物品，有人用它制作油灯，最简单的用处就是当杯子用。另外，易拉罐的拉环也有妙用呢！我们可以把那片薄薄的铁皮卷起来，然后钩在相框后面的小洞里，另一头就可以用来挂绳子了。

▲ 易拉罐

实用的清洁能源

清洁能源是指不排放污染物的能源,包括太阳能、核能、生物能、地热能、风能等可再生能源。清洁能源不仅对环境的污染极少,而且可以持续利用。随着地球资源的日益减少,清洁能源将发挥越来越大的作用。

▲ 太阳能

太阳能

太阳能是指太阳光的辐射能量,它是地球上最清洁、最丰富的能源之一。 太阳每秒钟照射到地球上的能量相当于燃烧 50 万亿千克煤释放的热量呢。现在,人们已经能够把太阳能转化为电能,作为动力来驱动汽车、飞机等交通工具。

核能

核能是原子核裂变或聚变时释放出来的能量,所以也叫原子能。核能不仅是一种十分环保的能源,而且地球上的蕴藏量非常大,如果能够实现和平利用核聚变,人类就再也不愁能源问题了。

▲ 核能

生物能

生物能是贮存在生物体中的太阳能。它的蕴藏量非常大，农林作物、城市固体废弃物、某些工业废料等都蕴藏着生物能。我国农村广泛使用的沼气，是一种典型的生物能。

地热能

地热是地球内部存在的一种巨大的热量，它会以温泉、火山爆发等形式释放出来。我们常见的地热能是温泉和间歇泉。地热能可以用来发电。

▲ 地热能

风能

地球表面空气流动所产生的动能，就是风能。据估算，全世界的风能总量约 1 300 亿千瓦，这些能量足够人类用很多年。

▽ 风能

土壤的自净

人们在土地上建造房屋、堆放垃圾、开办工厂会影响土壤性质，但是土壤也不是逆来顺受的，它会时时刻刻对付那些有害物质，这就是土壤的自净能力。这种能力就像人生病了，人体中的免疫细胞会积极抵抗病毒一样。

自净

在物理、化学和生物等各种因素的作用下，土壤对进入其中的污染物进行分离、分解或转化，从而使污染物的浓度、毒性降低，逐步恢复洁净状态，这种机能就被称为土壤的自净作用。

分类

土壤的自净能力比较复杂，大体上可以分为物理净化、化学净化、生物净化三种。绿色植物吸收了生产或生活中排入大气中的二氧化碳、微生物等都属于土壤的自净。

△ 土壤的自净可以使植物苗壮成长

物理净化

物理净化包括污染物在介质中的稀释、扩散、沉降、挥发和物理吸附等。这种净化能力的强弱主要取决于温度、地形、地貌、水文条件等,也取决于污染物的形态、比重等物理性质。

▲ 菜地

化学净化

化学净化包括氧化还原、沉淀、化合、分解、化学吸附等。这种净化的速度和效果主要取决于土壤温度、酸碱度和化学组成,也取决于污染物的组成、形态和化学性质。

我和环保

土壤的自净能力是一种可以利用的环境资源,如果能合理利用,就会获得巨大的经济效益和环境效益。但是如果应用不恰当,就可能使土壤的自净能力下降。

有限的自净能力

充分利用土壤的自净能力是消除污染最经济的途径,但是土壤的自净能力是有限的。污染物如果超过了特定生态系统的自净能力,打破了原有的动态平衡,就会造成土壤的污染。

▼ 没有被污染的农田,庄稼长得特别好。

爱护我们的土壤

土壤是植物的母亲,是绿色家园繁荣昌盛的物质基础。保护和利用好土地,就是保护了绿色家园,保护了人类自己。

增强保护意识

土壤是一个国家最重要的自然资源,是农业发展的物质基础。没有土壤就没有农业,也就没有人们赖以生存的基本原料。在日常生活中,我们首先要树立起珍惜土地资源、保护土壤环境的意识。

根本任务

使土地在利用过程中免遭或减轻水蚀、风蚀、盐碱化等自然地理过程的危害,以及防治乱垦滥伐、过度放牧和污染等人为活动的破坏,是保护土地资源的根本任务。

▼ 土壤对农业发展很重要,土壤不被污染,农作物才能茁壮成长。

🌱 建立自然保护区

未遭人类破坏，仍保持着原生土地生态环境的地方，成为当今土地资源的天然"本底"，它为衡量人类活动对自然界的影响提供了评测的标准。

▶ 植树节可以提高人们的环保意识

🌱 保护农田

农田对我们的生活如此重要，但它也会因为一些原因被破坏。现在，人们已经开始采用科学的方法有计划地保护田地，维护人类赖以生存的基础。

🔽 没有被污染的农田才能长出健康的食物原料。

我和环保

土壤与我们的关系如此密切，我们要行动起来，做个保护土壤的小卫士。比如，生活中尽量不用塑料袋，买菜用菜篮子，买米用米袋，减少"白色污染"；成立环保宣传小组，向周围的人宣传保护土壤的重要性。